れ発生地の様子

図1　ナラ枯れが発生した森林（滋賀県高島市マキノ町、1998年）

図2　滋賀県高島市朽木の山腹に発生したミズナラの集団枯死（2006年5月撮影）

図3　山形県旧温海町の民有二次林被害から45年後（2004年）。当時のミズナラとコナラは成長したが利用されずに放置された

ナラ類とシイ類の枯死の特徴

図4　ナラ枯れによって枯死したミズナラ（滋賀県高島市マキノ町、1999年）

図5　照葉樹林内で枯死したシイ類（京都市）

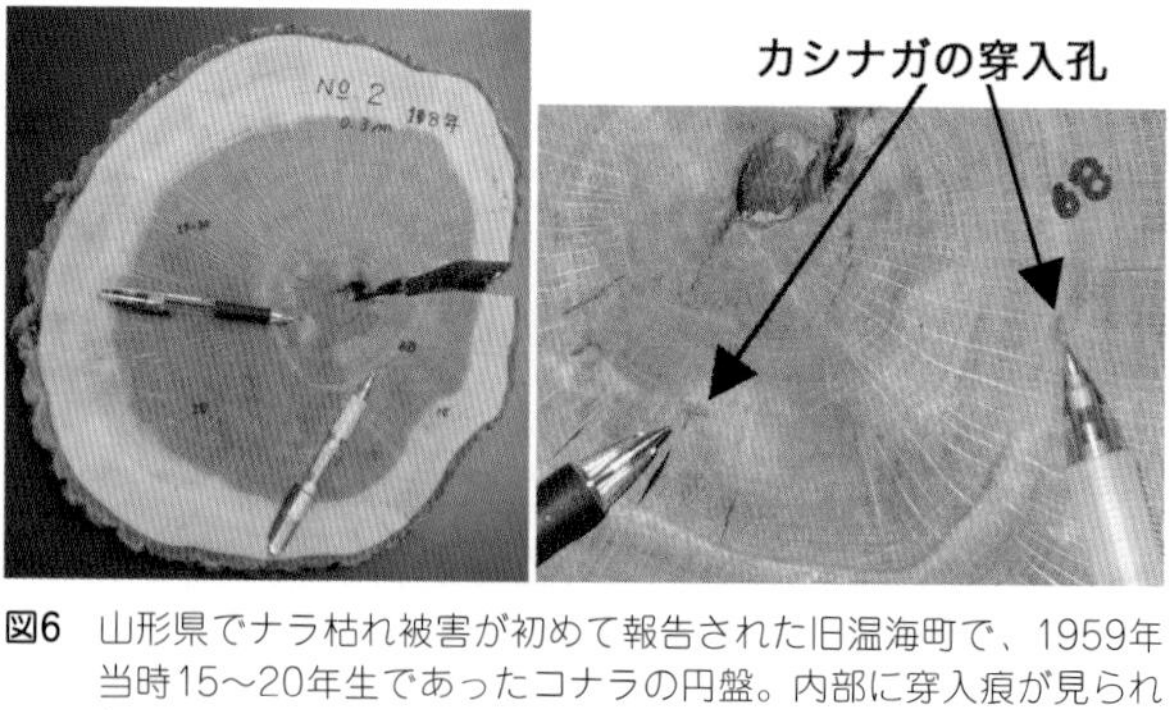

図6　山形県でナラ枯れ被害が初めて報告された旧温海町で、1959年当時15～20年生であったコナラの円盤。内部に穿入痕が見られた。

カシノナガキクイムシ穿入木の断面

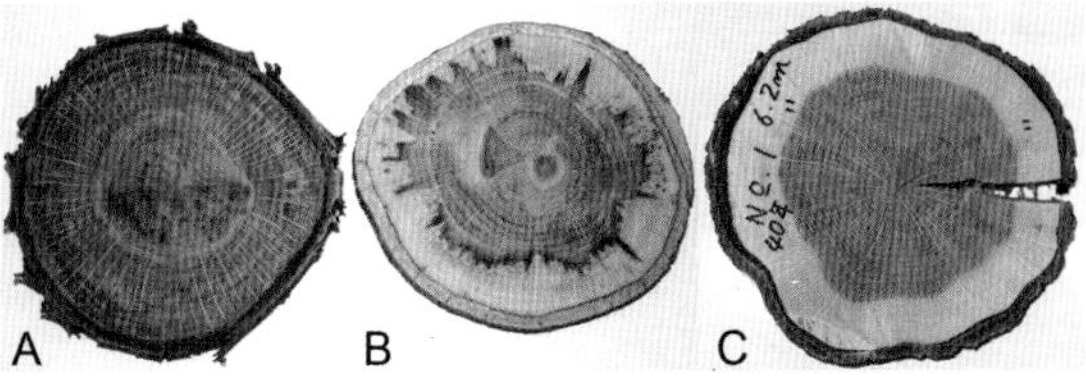

図7　ナラ枯れの被害程度に応じた木口面の状況（ミズナラ）

A：枯死木（辺材全面が変色）、B：穿入生存木（辺材の一部変色）、
C：健全木（辺材は変色無し）

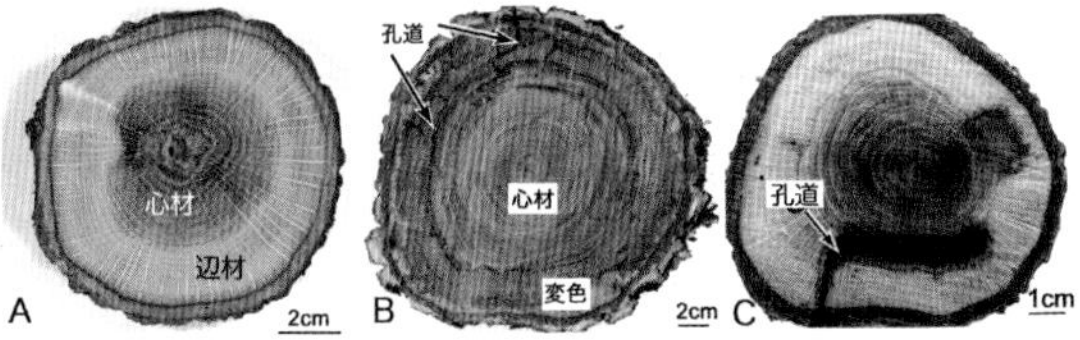

図8　健全なコナラおよびカシノナガキクイムシ穿入木の横断面

A：健全木では、中心部に心材があり、その外側に淡色の辺材がある。
B：枯死木では、多数の孔道にそって辺材が変色し、傷害心材となっている。
C：穿入孔が少なく、短い孔道で終わった場合は変色範囲が狭い。

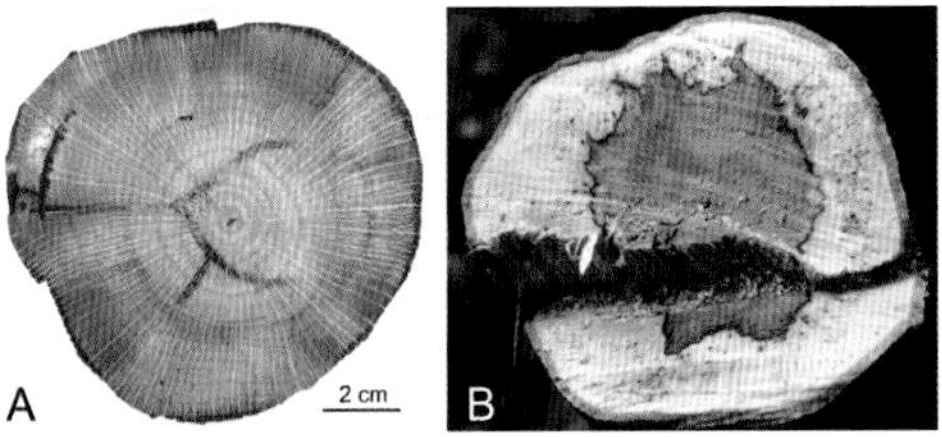

図9　カシノナガキクイムシの穿入を受けたカシ類の横断面

A：アラカシでは樹幹の中心部まで孔道が形成され、変色はナラ類より淡色である。
B：アカガシで孔道形成が辺材に集中しているタイプ

ナラ枯れ発生地域の昔と今

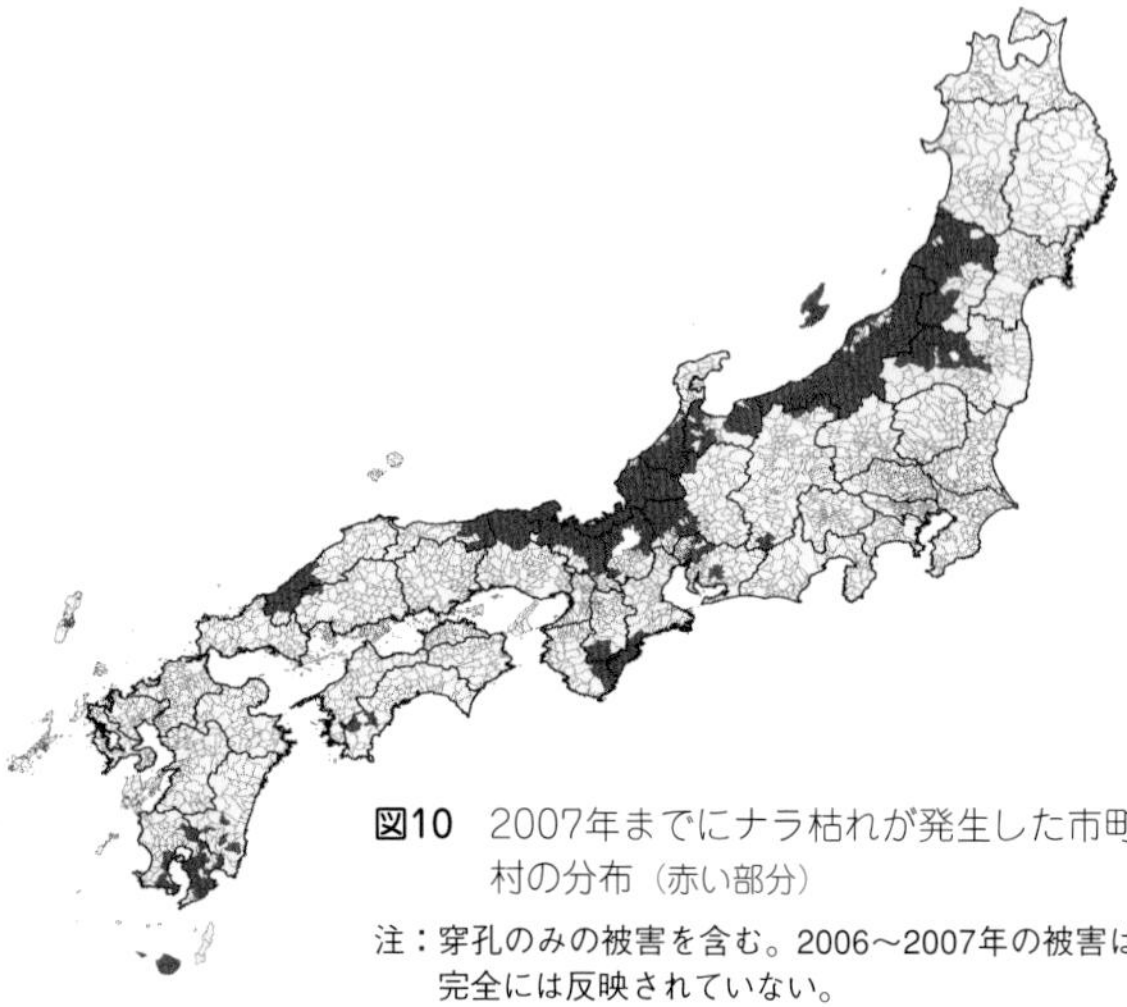

図10　2007年までにナラ枯れが発生した市町村の分布（赤い部分）

注：穿孔のみの被害を含む。2006～2007年の被害は完全には反映されていない。

（行政界は国土交通省国土地理院の地球地図日本のデータを使用。図11も同様）

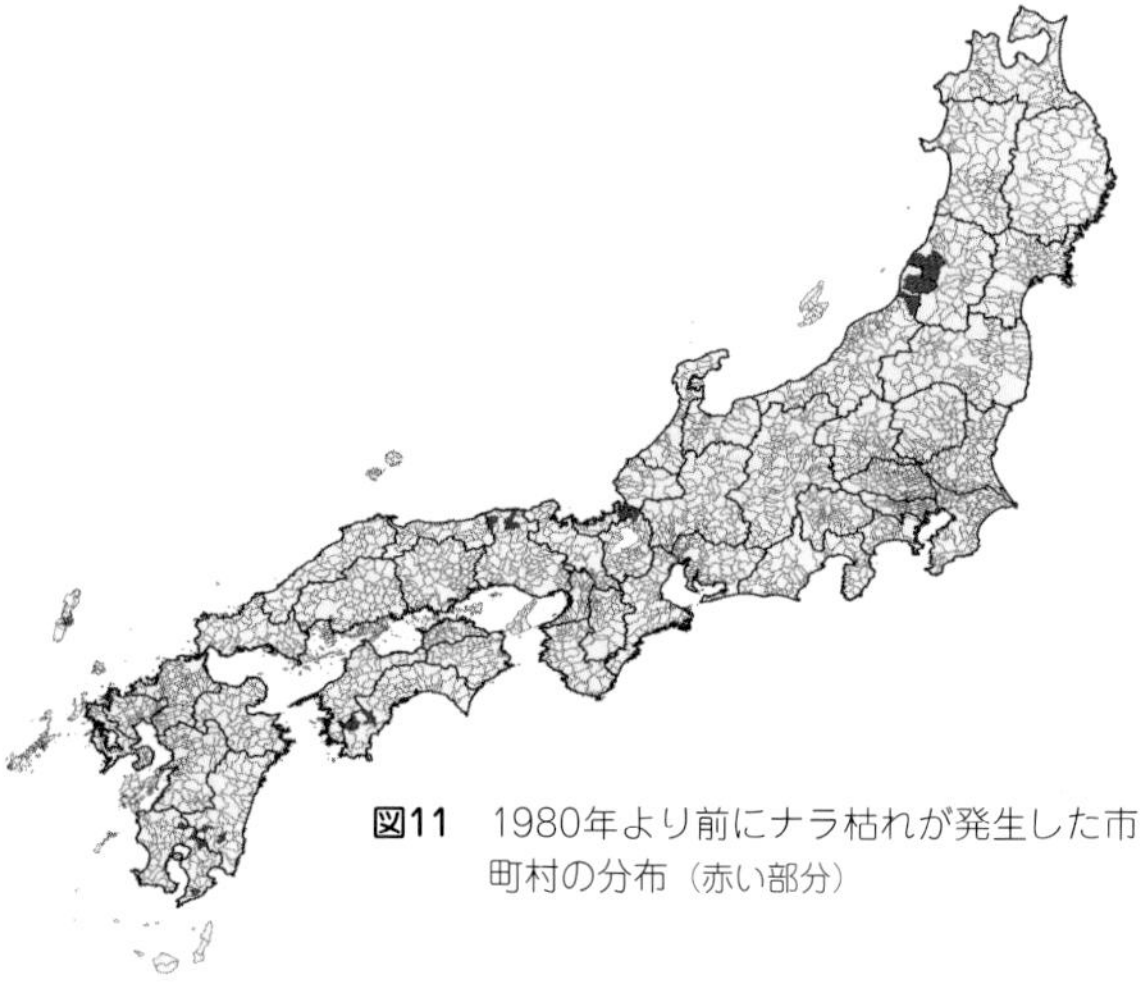

図11　1980年より前にナラ枯れが発生した市町村の分布（赤い部分）

枯死木から検出される菌類

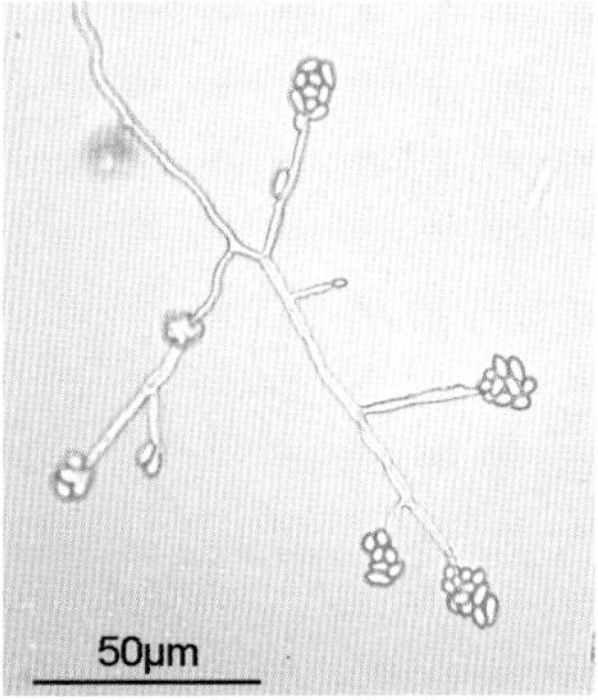

図12 病原菌*Raffaelea quercivora*（ラファエレア・クエルキボーラ、略称ナラ菌）の光学顕微鏡写真

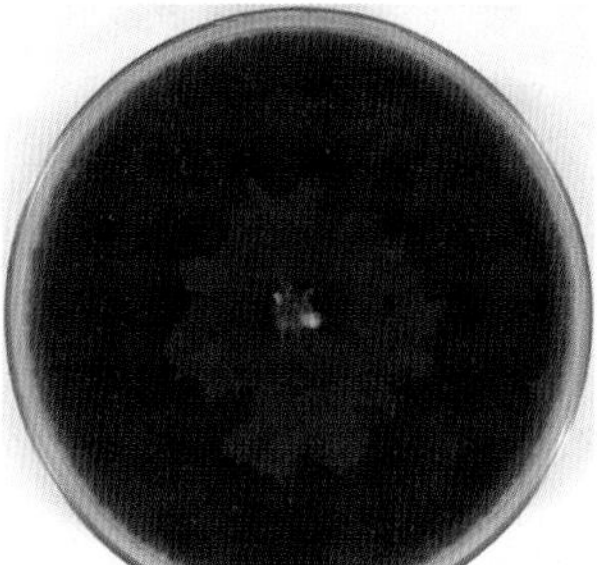

図13 ジャガイモブドウ糖寒天培地上のナラ菌コロニー

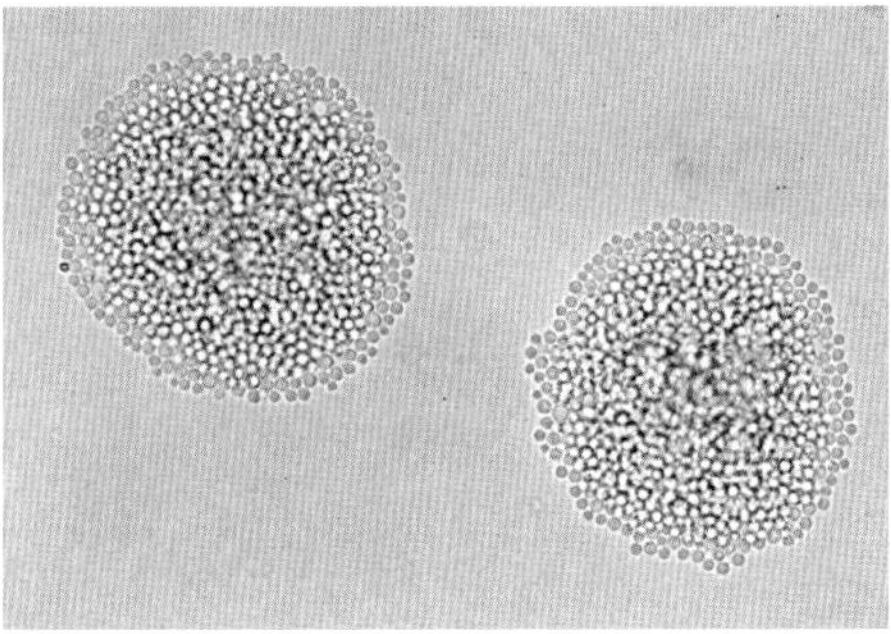

図14 カシノナガキクイムシから分離された未同定の酵母類

ナラ枯れの伝染と媒介昆虫の役割

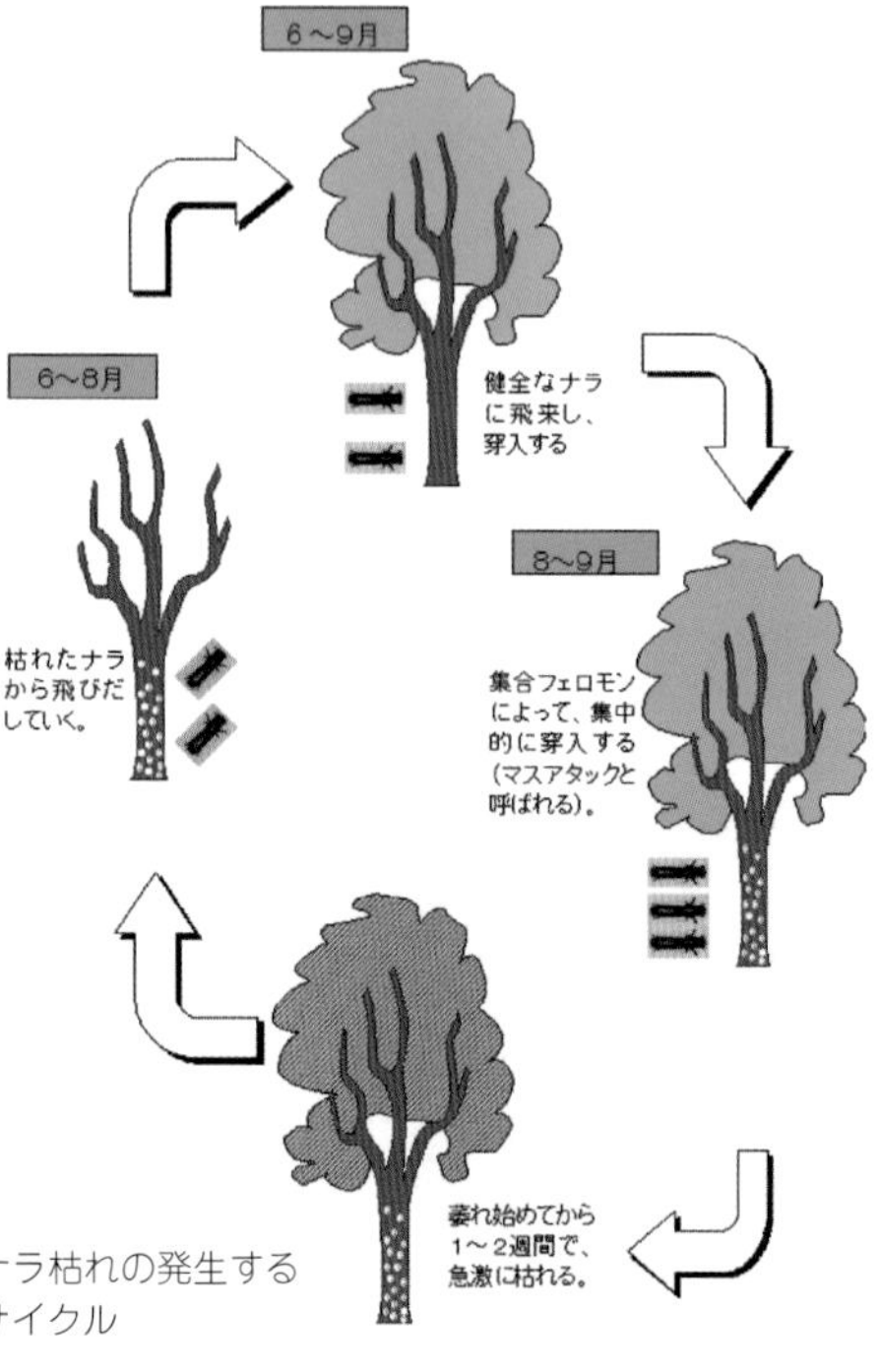
6～9月
健全なナラ
に飛来し、
穿入する
8～9月
集合フェロモン
によって、集中
的に穿入する
(マスアタックと
呼ばれる)。
萎れ始めてから
1～2週間で、
急激に枯れる。
6～8月
枯れたナラ
から飛びだ
していく。

図15　ナラ枯れの発生するサイクル

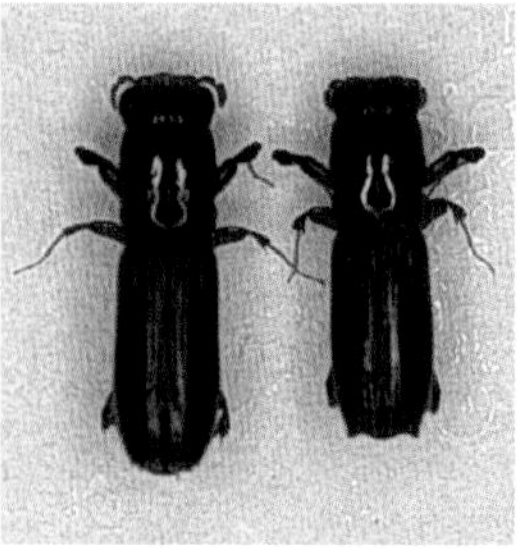

図16　カシノナガキクイムシ
左：雌、**右**：雄

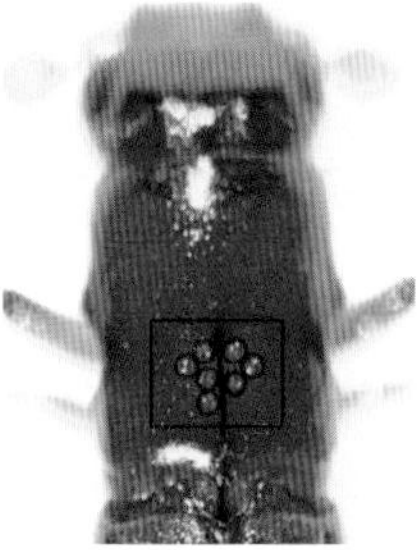

図17　カシノナガキクイムシ雌成虫のマイカンギア(Mycangia)

カシノナガキクイムシの集中加害および接種実験

図18　カシナガ穿入木には多数の穿入孔とフラスがある（爪楊枝を穿入孔に刺して穴の場所を明示した）

a：　試験木をビニールシートで被覆

b：　接種位置をはぎ取る

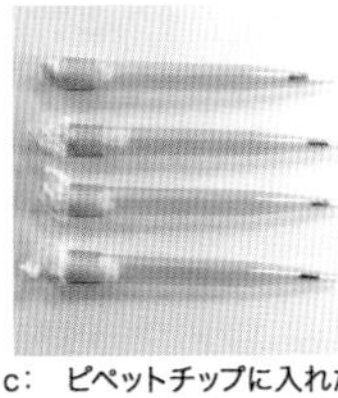

c：　ピペットチップに入れたカシノナガキクイムシ

d：　集中加害と同じ密度で接種
→　枯死が再現された

図19　カシノナガキクイムシ接種試験

カシノナガキクイムシの加害をうけたナラ類樹幹の内部

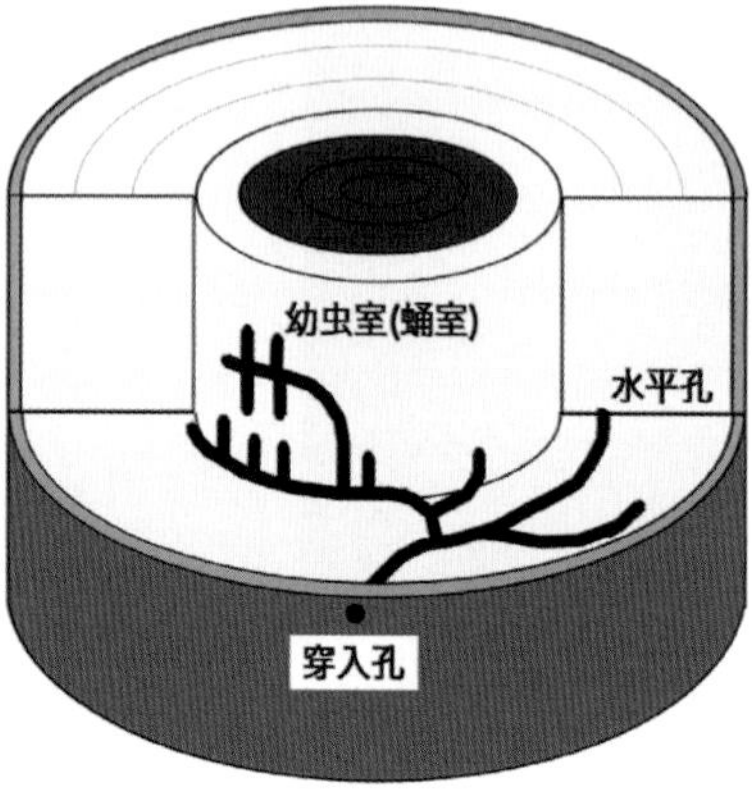

図20　カシノナガキクイムシの孔道の模式図

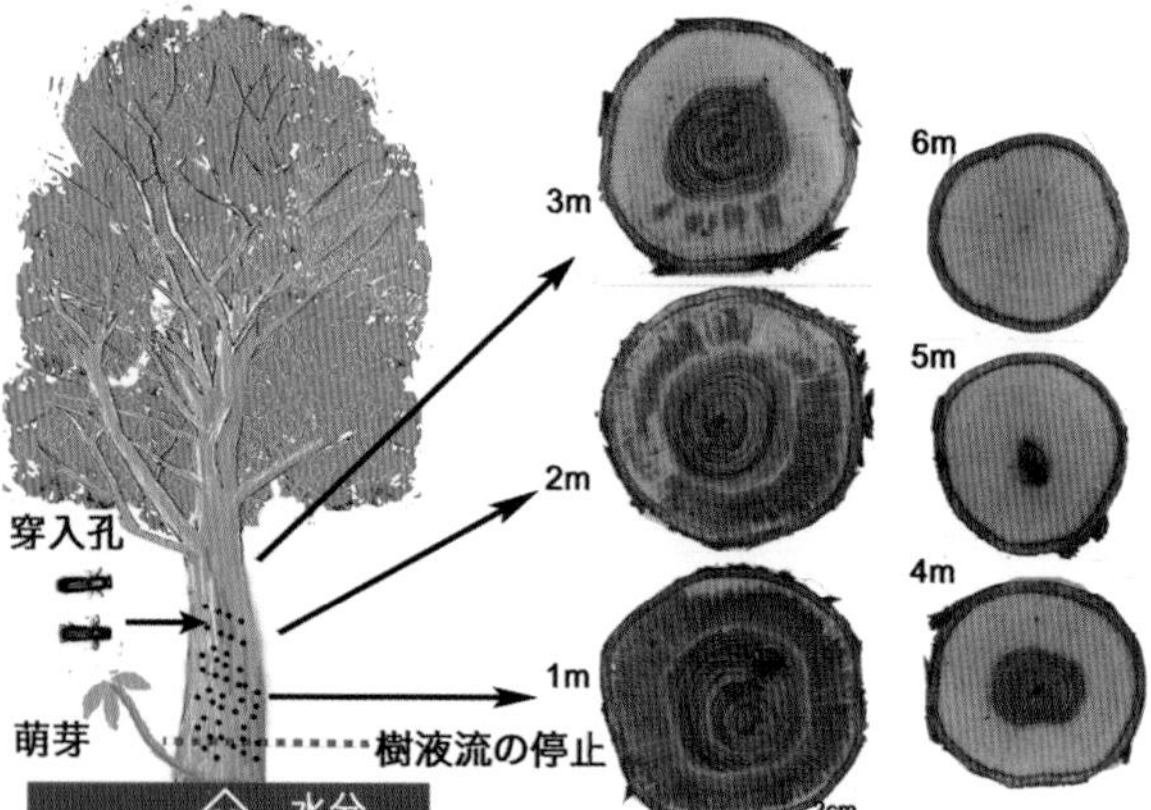

図21　カシノナガキクイムシの集中加害を受けて葉が変色しはじめたコナラ。高さ1〜6mの横断面を示す（1990年8月7日採取）

ナラ菌が感染した木部組織の光学顕微鏡写真

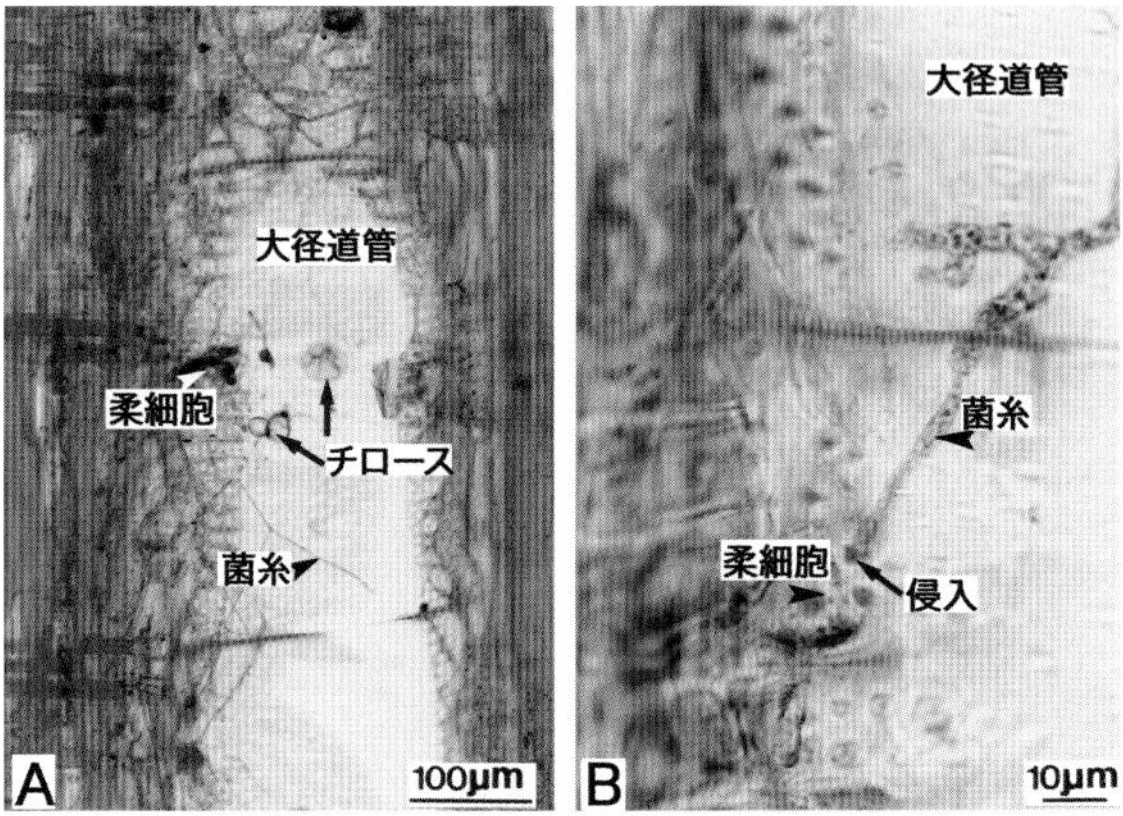

図22　ナラ菌（*R. quercivora*）が感染したコナラ木部の光学顕微鏡写真
縦断切片、サフラニン・ファストグリーン染色。
A：道管内でナラ菌の菌糸が伸長している。チロースの発生から樹液流動の停止が読み取れる
B：生きている柔細胞に菌糸が侵入している。

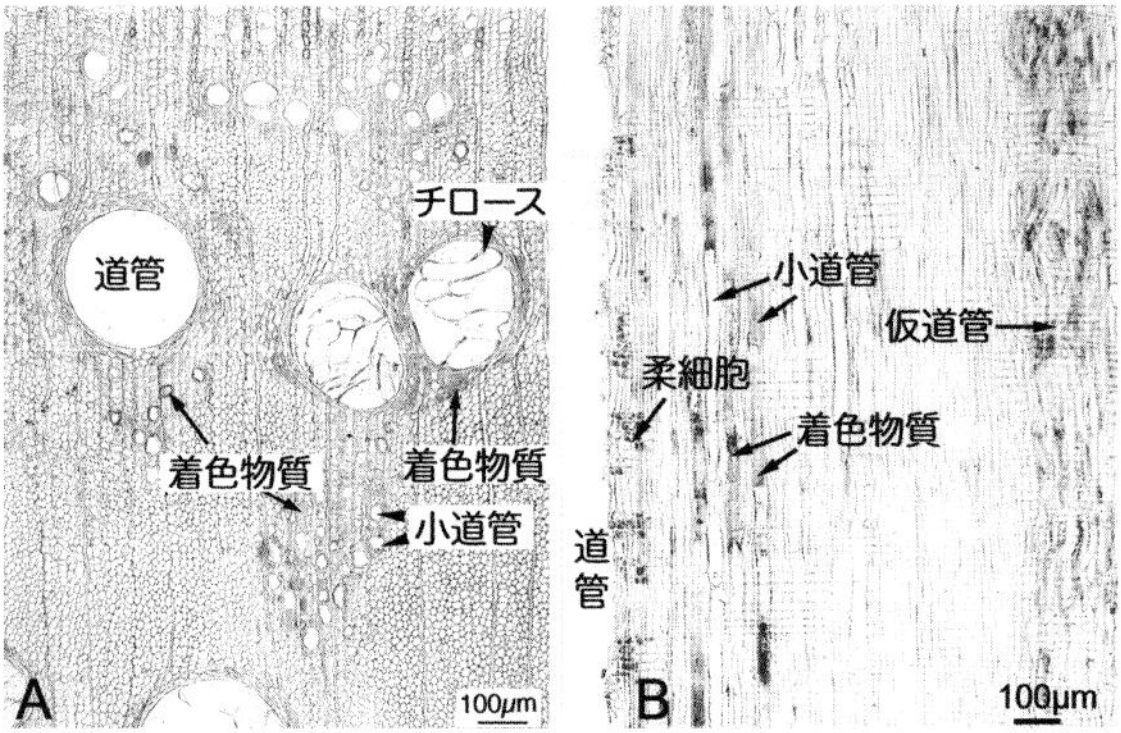

図23　コナラの変色部の横断面Aと縦断面Bの光学顕微鏡写真（無染色）

放射組織柔細胞から道管内に、二次代謝物質（着色物質）が放出されて樹液流動が停止する。それと同時に材が褐色になる。

ナラ菌感染木の特徴

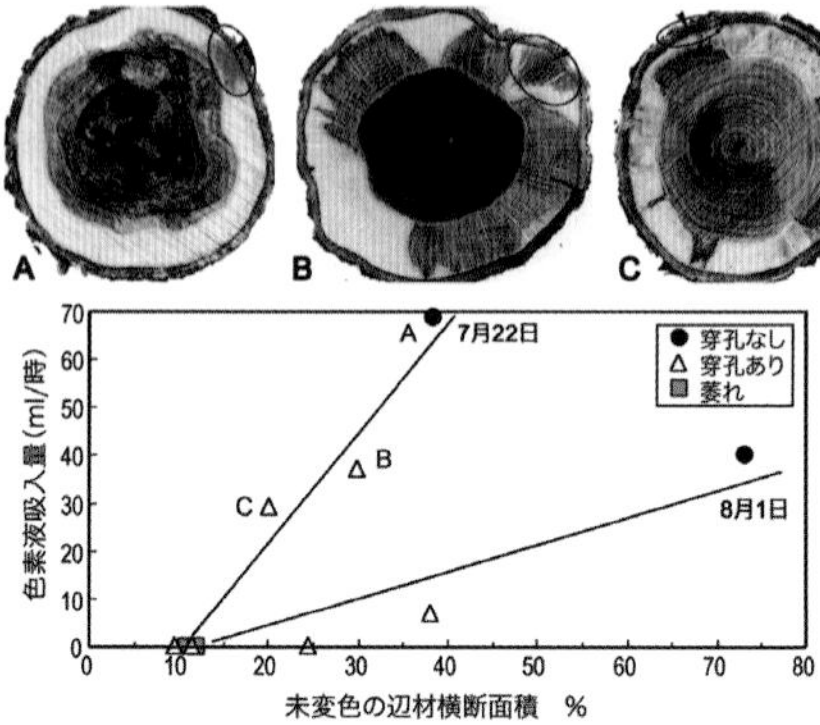

図24　被害程度の異なるコナラに色素液を吸わせた場合の吸入量と辺材変色の関係

快晴の７月22日とやや曇天の8月1日に、各5個体ずつ色素液を注入した。伐倒後、未変色部分の断面積を計測して、色素吸入量との関係を示した。円で囲んだ部分が色素吸入部位。

A：カシナガ穿入なし、BとC：穿入木で、実験時には生存。

Cは変色中の淡色の部位を含めると変色範囲が広かった。

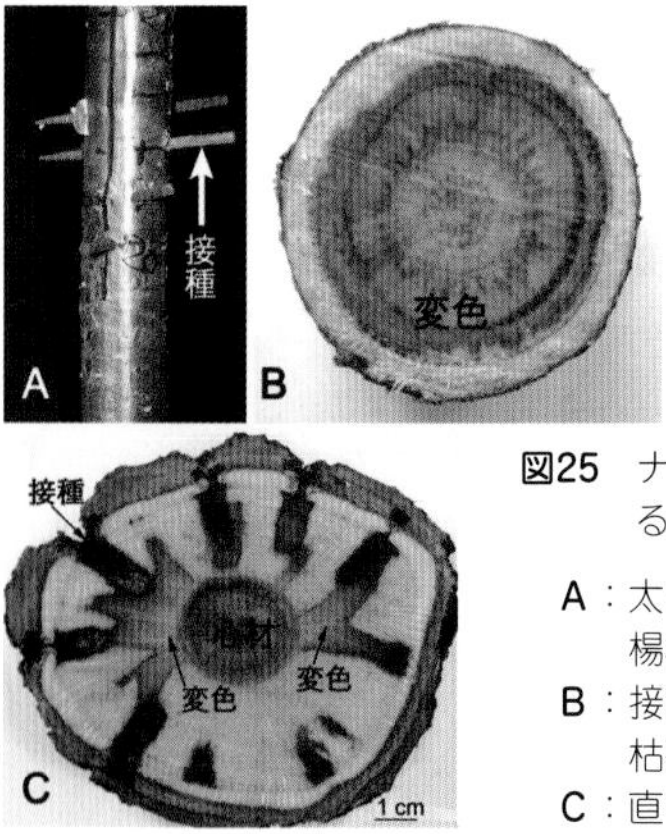

図25　ナラ菌（*R. quercivora*）接種による木部の変色

A：太さ約3cmのミズナラ若木に爪楊枝で4点接種

B：接種10日後に木部全体が変色し、枯死した

C：直径約15cmのコナラにドリルで9か所に穴を開けて接種した場合、変色は起こったが部分的な広がりに留まり、枯死しなかった。

近年の里山の植生およびナラ枯れ発生林分の特徴

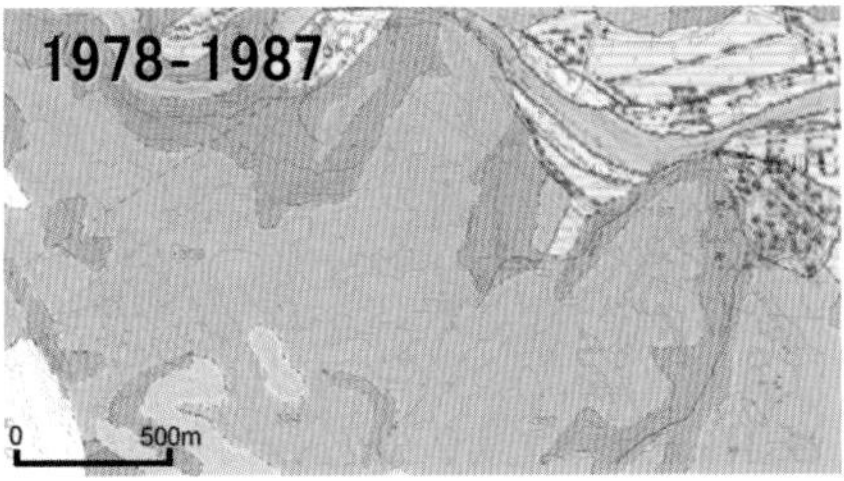

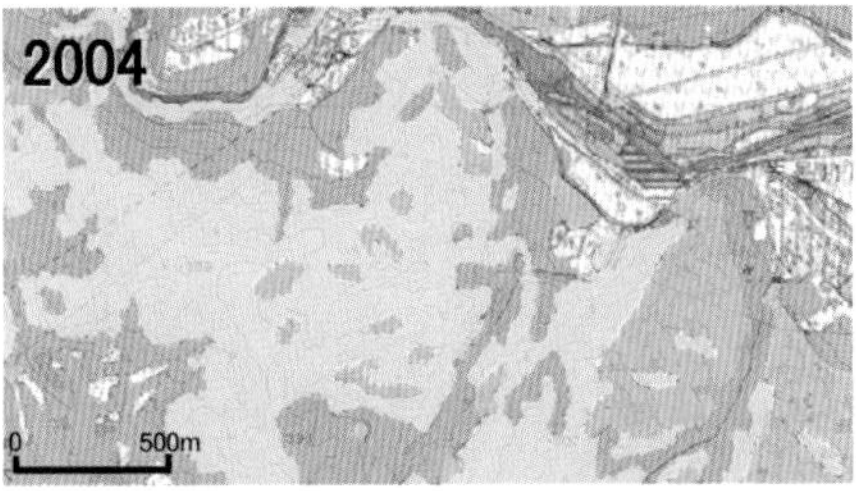

図26　マツ枯れによるアカマツ林の衰退とコナラ林の増加
（滋賀県高島市朽木、環境省現存植生図より描く）

アカマツ林　コナラの優占する広葉樹林　スギ・ヒノキ人工林

図27　被害地の二次林の姿

旧薪炭林で比較的最近まで利用されており、約30年生である（滋賀県高島市朽木）

萌芽林、放置林と利用中の林

図28　萌芽するコナラ林（滋賀県大津市志賀）

図29　長年放置され下層に常緑樹が成長した旧薪炭林（滋賀県大津市志賀）

図30　現在も利用され、萌芽更新と落ち葉掻きにより維持されているコナラ林（栃木県茂木町）

防除を目的としたナラ枯れ被害の把握方法

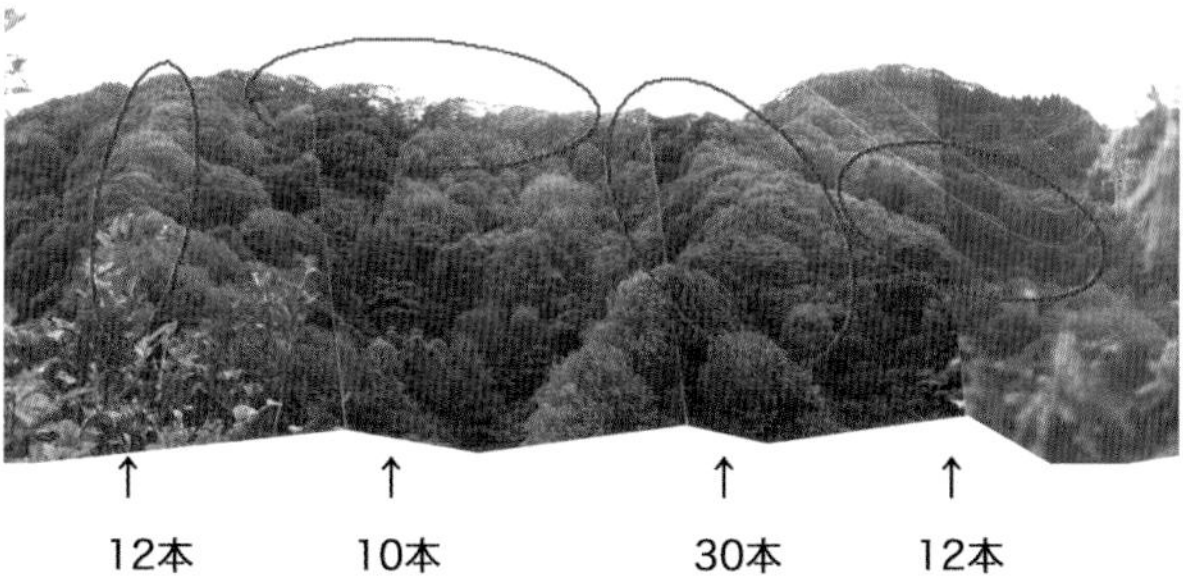

図31　枯死木の判定に関する事前資料。写真の場所で担当者が事前に現地で調査して目あわせする

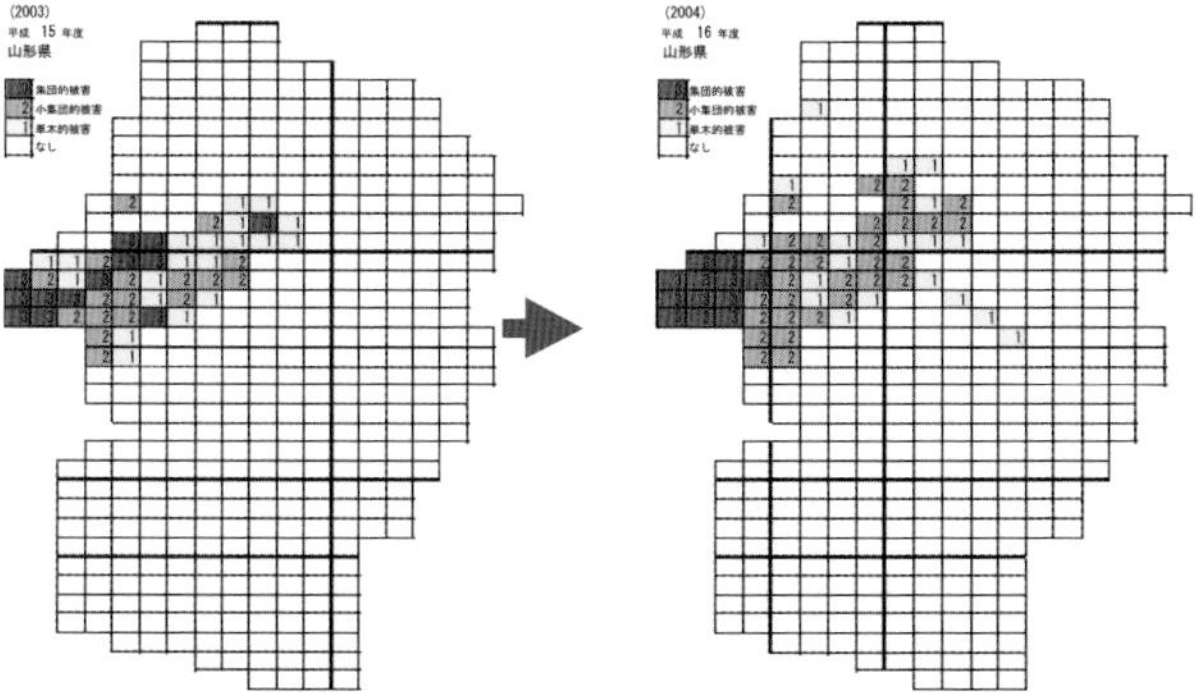

図32　5万分の1の地形図を16等分したメッシュ図に被害位置を被害程度で区分して図化した（山形県）

2003（平成15）年度と2004（平成16）年度の被害の推移

被害把握のための植生図の書き換え

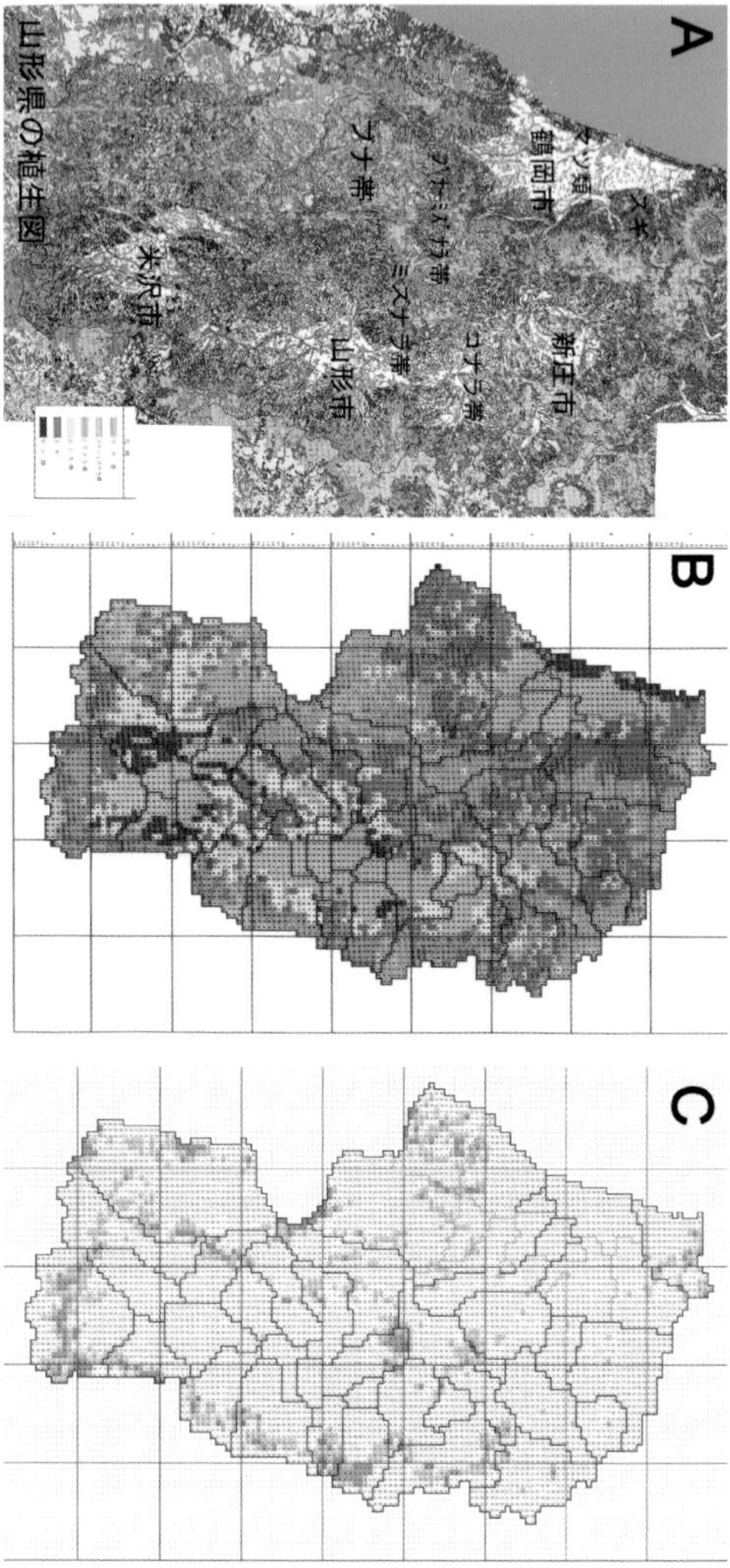

図33　環境省の植生図デジタルデータの Excel データへの書き換え

A：環境省の自然環境 GIS のデジタルデータによる植生図（科学的汎用性のあるデータ）

B：5万分1図面の16分割メッシュで Excel データにした植生図（誰でも使えるデータ）

C：Excel データの植生図のうちミズナラの分布位置図

枯死木の処理方法

背負い式ドリルで注入孔を穿孔

注入孔がカシナガ孔道を貫通

地際～1.5mに開けた注入孔にNCSを注入して殺虫・殺菌

図34　枯死立木へのNCSの注入方法

枯 死 木
比較的緩傾斜の場合: 伐倒・玉切り
→樹幹はチップ・伐根はNCS処理
伐根は薬剤注入孔を開けて，NCSで殺虫・殺菌処理
樹幹は，チッパーでその場でチップにするか工場でチップ化。または製炭か焼却
処理対象が大径木や奥地である場合: 伐倒・玉切り
→チェーンソーでノコ目付け→集積→投薬・被覆

図35
枯死木を伐倒して行う駆除方法の選択および施用時の注意点

① NCSで殺虫・殺菌及び被覆によるくん蒸、または、チップ化して殺虫
② ガスの吸着を促進するために丸太にはノコ目を入れる
③ 伐根にも必ずノコ目を入れてNCS処理を行い、充分に殺虫する

健康な樹木の感染予防法

ビニールを樹幹に沿って巻付ける

ビニールをヒモでしばって固定

図36　樹幹のビニールシート被覆による予防方法

図37　地上20～30cmの位置に注入孔を開けアンプルを挿入し殺菌剤を自然圧で注入する

殺菌剤の効果

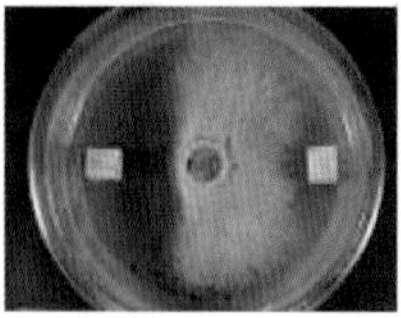

↑　　　↑ナラ菌
殺菌剤含浸

ナラ枯れと
里山の健康

黒田慶子 編著
Keiko Kuroda

林業改良普及双書 No.157

はじめに

　近年、梅雨明け直後の7月後半から10月ごろまで、山腹の広葉樹林で葉が急に赤くなって枯死する現象が目立つようになった。ミズナラやコナラ、シイ、アラカシなどの大木が多い。マツ枯れ(マツ材線虫病)*も、同じような時期に発生するため、遠くからながめるとこれら二つの被害は区別しにくく、気づかれないこともある。

　このナラ類やシイ・カシ類の集団枯死（本書では「ナラ枯れ」と総称する)**の原因は、菌類（カビ）である。病原菌が甲虫（カシノナガキクイムシ）の体に保持され、健全木に媒介されることで被害が広がっているのである。

　1990年前後から、ナラ類が枯れるという情報が東北や北陸地方から研究機関に届くようになった。ナラ枯れは集団的な枯死であることから、マツ材線虫病と同様な被害の激化が予想されたが、山間部での被害が中心であった1990年代には、対策の必要性を主張していた研究者や府県の担当者の声はかき消されがちであった。この経緯は第1章に記述した。

　近年、ナラ枯れへの注目度がやや高まってきたように感じるが、人の多い都市周辺で被害が発生したからであろうか。あるいはその背景には、「里山の二次林はお金にならない雑木林」という認識から、環境保全に役立つ癒し系の森として「価値」が評価されるという、バブル崩壊を経た社会の価値観の変化もあるのかもしれない。

とはいえ、マツ枯れの防除も予算の関係で充分に実施できない状況で、さらにナラ枯れの防除を行うことは、どの自治体でも大変な負担のはずである。限られた予算のなかで、担当の方々は、防除場所に優先順位をつける、最も効果的な防除手法を選ぶ、防除の実施でミスが出ないようにする、といったいくつもの判断が必要になる。これまで森林保護の研究やその成果の普及に関わってきた私たちは、マツ枯れの場合に効果的な防除ができなかった例を知っているため、今度こそは、有用な情報をできるだけ迅速にかつ正確に、森林管理の現場に届けたいと思っている。

また、里山でせっかく実施した下層木の除去などの整備が、場合によってはナラ枯れの発生を助長する恐れもあるため、里山の保全に興味を持ち各地で活動されている方々に、ナラ枯れの危険性や、それを回避するための有効な対策についてお伝えしたい。研究途上であやふやな部分はあるとしても、現状でお知らせできることをまとめることにした。公的な予算と自治体の担当者だけでは対応しきれないというのが現実である。このため、できるだけ多くの方々にサポートしていただきたいという思いもある。

本書ではまず、ナラ枯れのメカニズムと近年の被害増加の背景について、現時点でほぼ解明されたことがらを解説する。防除方法については様々な方法が試されているところであるが、効果が不安定な手法は、改善が必要と明記して解説する。各地で防除に当たられる際には、新しい情報について常に確認していただきたい。研究で得られた成果を被害防止にすぐに役立てるのは困難な面があるが、研究と行政、防除の現場担当者とのコミュニケーションをはかるには、インターネットのメーリングリスト等の利用も便利であると感じている。今後各地で情報交換が進めば、地域間の連携も可能となるであろう。本書がそのきっかけになることを願っている。

黒田慶子

【注】

＊マツ枯れ（マツ材線虫病。松食い虫と呼ばれることもある）は北米からの侵入病害であり、日本産のアカマツ・クロマツは抵抗力がなく、枯死しやすい。

＊＊ナラ枯れとは、落葉ナラ類（コナラ・ミズナラなど）や常緑のカシ類（アラカシ・アカガシなど）、シイ類（ツブラジイなど）に発生している集団枯死を総称したものである。ブナ科樹木萎凋病《いちょうびょう》と呼ぶ場合もあるが、ブナ科のなかでブナ属の樹木（ブナ、イヌブナ）はこの被害を受けないので、ここではブナ科樹木と総称しないことにする。

目次

目　次

第1章

ナラ枯れと森林の健康について考える

黒田慶子

ナラ枯れに関する具体的な解説を始める前に、ナラ枯れが増え始めてからこれまでの経緯と、健康な森林の概念、ナラ枯れに対処するための基本的な考え方について述べておきたい。

ナラ枯れが増加し始めてから20年

ミズナラやコナラの集団枯死(以下、ナラ枯れと略記する)は、1990年前後から新潟県や山形県、福井県、滋賀県北部、京都府北部などの旧薪炭林(口絵・図1〜図3、口絵・図27、口絵・図29)で目立つようになり、それから原因解明のための研究と防除法の開発がすすめられた。その後の経緯は以下の通りである。この20年のあいだに被害が止められなかったのだから、今後も無理だろうと思わずに、次章以降を読んでいただきたい。

枯死の原因について見当がついたのは比較的早く、1990年代前半には、特定の菌が関わっているらしいことと、樹液の上昇が止まって枯れることがわかっていた(伊藤・黒田 1993、黒田ら 1992)。また過去の報告書から、この被害は第二次世界大戦以前にも発生しており、虫害として扱われていたこともわかった。研究成果は着々と積み上げられていたが、「大気汚染が原因」とする説が報道されたことや、既知のならたけ病であるとする報告が先に出たこと、さらに、病原菌が新種で名前がつくまで時間がかかったこと(Kubono and Ito 2002)から、新病害としての認知が約10年遅れることになった(農林水産技術会議事務局 2002)。ナラ類は素材としての経済価値が低く、山腹の比較的傾斜の急な斜面に生育していながらも、マツ類のような国土保全の機能が十分認識されていないこと、さらに、首都圏から遠い地域でのローカルな現象と見られたことも、対応が遅れた理由である。

ナラ枯れの病原菌を媒介するカシノナガキクイムシ（以下カシナガ）は、2004（平成16）年度にようやく森林病害虫等防除法における法定害虫として指定され、その駆除に国の補助金が活用できるようになった。

ナラ枯れは飛翔する甲虫が媒介する伝染病であるため、被害が始まった場所(初期の被害地)で徹底した防除が実施されなければ、被害量は急激に増加し被害地が拡大する。「被害軽減には媒介昆虫を減らすことが重要」であることはマツ材線虫病で充分に経験済みである。しかし上記のような事情で、国の施策として積極的な防除策が必要と認識されないまま、被害が拡大した。本州日本海沿岸の被害は2007年には秋田から山口県までのほとんど全域に広がった。九州でも一部の県で被害が発生している。近畿地方周辺では和歌山県まで南下し、2005年以降は京都府や愛知県の市街地や公園で発生するようになり（口絵・図5）(詳細は第2章参照)、ようやく人々の注目が集まることになった。

萎凋病《いちょうびょう》とは

樹木の病害には、枝枯れや腐朽病害などいろいろなタイプのものがあるが、ナラ枯れは萎凋病である。萎凋病とは病原体に感染して急激に枯死する病気の総称である。世界的に有名な萎凋病の種類はそれほど多くない。ニレ立枯病（Dutch elm disease）、ナラ萎凋病（Oak wilt、日本のナラ枯れとは別の病気）、マツ材線虫病（Pine wilt）、トウヒ・マツ類の青変病などである。日本では、後者二つの被害がある。本題の日本のナラ枯れは萎凋病に分類され、今のところ日本と韓国で発生が確認されている。これらの萎凋病全ての共通点は、病原体の感染に昆虫が関与していることである。つまり、病気に感染して枯死した樹木から、特定の昆虫が病原体(菌や線虫など)を運び出し、健康な樹木の枝をかじったり産卵することによって、あらたに感染させるのである（図1-1）。

樹木が病気に感染して枯死する場合、外観的には突然萎《しお》れや葉枯れが発生するように見えるが、感染イコール突然死ではない。宿主（感染した樹木）の樹体内では、侵入した微生物に対する抵抗反応、あるいは防御反応と呼ばれる現象がまず起こる(第4章参照)。樹木の細胞と病原体との攻防が続いたあと、樹木が生命を維持できなくなるような現象が起こると、萎れや葉枯れといった症状を呈し、枯れることになる。マツ材線虫病やトウヒの青変病などの研究結果から、

図1－1　昆虫が媒介する萎凋病の概念図

萎凋病に感染した樹木では「樹液が上昇しなくなる」、つまり、生きて行くのに必要な水分が幹の中を上がらなくなる現象があって、それが致命傷となって枯れるというのが共通の「枯死のメカニズム」であることがわかってきた。

　ナラ枯れの被害を減らすには枯死木を除去するなど、いわゆる防除（第6章、7章）が必要であるが、その作業を効果的に行うためには、樹木が病気に感染する仕組みや枯死木から健全木への病原菌の伝播《でんぱ》機構について、ある程度の知識を有している必要がある。さらに、病気に感染した樹木がどのようにして枯れるかという、枯死のメカニズムを理解していれば、防除に有効な方法を積極的に考え、新しい工夫をすることが可能になる。本書はそのような観点を重視して記述する。

健康な森林とは

多数のナラ類樹木が枯れている背景として、里山の健康について考える必要があるので、まず最初に「健康な森林」とはどのような状態を指すのか、概要と定義について述べる。実は、森林の健康については人によって思うところが異なり、話が食い違うことが多いので、本書でのとらえ方を述べておきたい。

健康な森林として最低限必要な条件は、「樹木が持続的に成長し、森林として維持されること」であり、森林の形で持続することが何よりも重要である。森林の健康が低下する主な原因は、微生物や昆虫などの加害、大きな気象変動などであるが（図1-2）、微生物と気象との複合現象や、遺伝、老齢化が関わる現象もある（図1-3）。一方、このような医学的な「健康」のとらえ方のほかに、「立木密度は適切か、下層植生が充分にあるか、生物多様性はあるか」などの観点で人工林の健康度が診断される場合があり、森の健康診断として活動も進められている（蔵治ら2006）。ただしこの調査では、1林分全体を一つの体（からだ）にみたてて、良い状態かどうかを判定しているのであり、病虫害に関する情報は今のところ含まれていないことに注意が必要である。

ナラ枯れのような病気を意識した場合の健康調査では、医学的な目で見て、森林を構成する

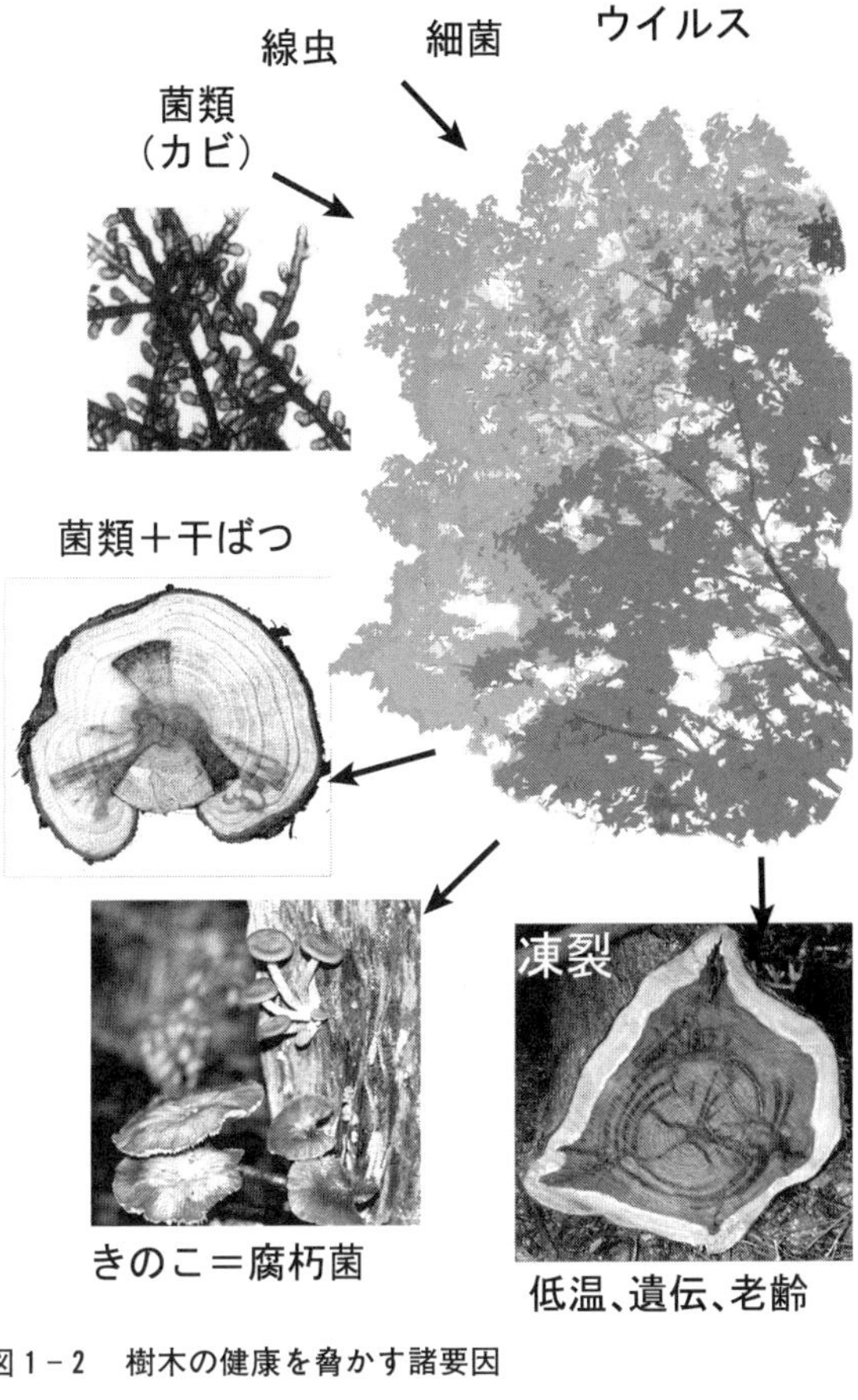

図1－2　樹木の健康を脅かす諸要因

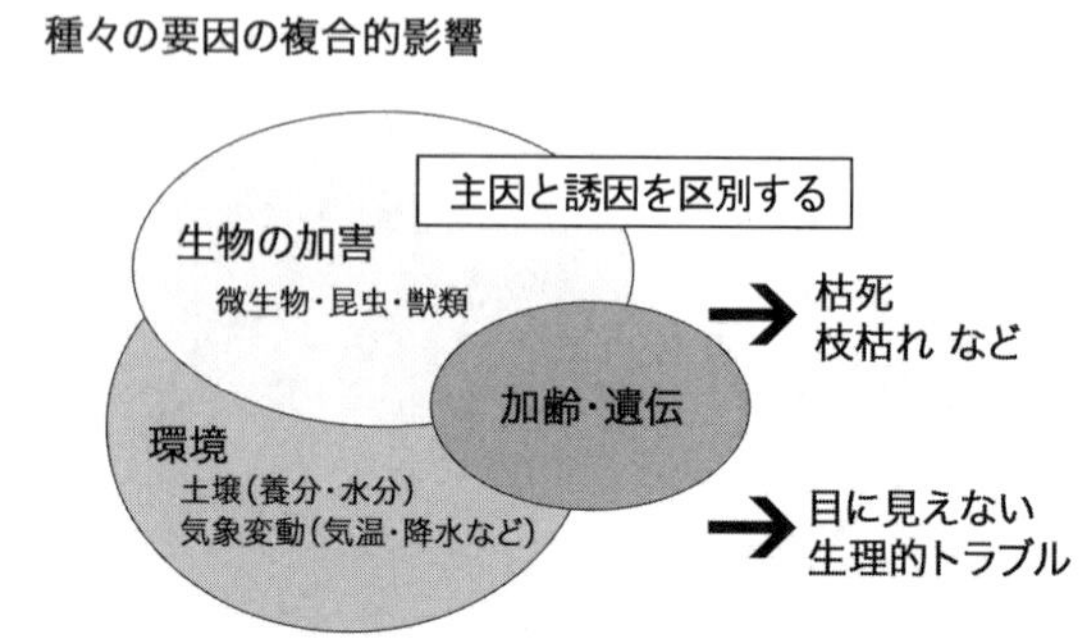

図1－3　樹木の健康低下につながる要因の相互関係

樹木の多数が病気に感染していないか、虫害が多発していないか、そのような被害の割合はどの程度あるか、今後の被害増加の見通しはどうか、といった情報から健康状態を判断する。目的に応じて概念や定義が異なることを認識している必要がある。

さて実際には、森林の外見に異常がなければその森林は健康であるという思いこみがある。しかし森林の場合、病気にかかった樹木を移動して隔離できないことや、薬剤を使用しても樹木を病気から回復させるには限界があるため、集団枯死などの異常が発生してから健康な状態に戻すことは極めて困難である。従って、外見で異常を判定するだけではなく、病気にかかりやすいかどうかという予防医学的な見方による「樹木の集団検診」を行う必要がある。具体的には、他の生物(微生物や昆虫)および環境変動の影響の受けやすさを調べることである。ナラ枯れについても、未被害地の林分で本病が発生する危険性（危険率）を調査し、把握しておくことが重要である。

ナラ枯れ増加の理由に関する議論

発病のメカニズムや被害増加の要因が明らかになるにつれて（第2～4章）、この病気とマツ材線虫病の蔓延《まんえん》には共通の背景があり、森林と人間との関わり方が重要な要因であることが浮かび上がってきた（第5章）。里山の二次林（里山林）では１９７０年代後半からマツ枯れが激増し、近畿地方では、マツ枯れ跡地がコナラ林やシイなどの照葉樹林に変化した場所も多い。ナラ枯れがあちこちで目立つようになったのはマツ枯れの激化にやや遅れて１９９０年代からであり、その社会的背景にも意識を向ける必要がある。

ナラ枯れ増加の背景については第5章で詳しく述べるが、この問題について最近の動向で気になることがある。「地球温暖化」とナラ枯れ増加を結びつける考え方である。被害地が北上していることや標高の高いところに被害が出ることを根拠とする場合もある。しかし、この被害は60年以上前に北陸～東北の冷涼な地域で発生しており、近畿地方でも被害地は南下する傾向にあるので、気温上昇と被害拡大を安易に関連づけることは避け、科学的な検証を待つ必要がある。今、憶測によって「枯死の増加と温暖化との関連性」を強く主張すれば、ナラ枯れ被害の減少は望めないという「あきらめ」に直結してしまいかねない。そうすると、防除に税金を使うのは無駄遣いという反対意見を招き、予算の削除理由となってしまう可能性すらある。このような状況は「マツ枯れの主因は酸性雨である」という誤った情報が広く流れたときと同じであり、防除に際し大きな障害となってしまう。

防除のことを考える前に

ナラ枯れにどう対応するか考える時に、最初に決断が求められるのは、ナラ類やシイ・カシ類を主体とする林（二次林、旧薪炭林など）を維持し続けるのか、それとも維持せずに枯れるに任せるのかという選択である。決断にあたっては、マツ枯れ防除の歴史を一度振り返る必要があるだろう。文化財的な価値がある林、防災上森林としての維持が不可欠な場所など、被害地の一部のみ防除を行っても効果が上がりにくいことは、マツ枯れの場合に充分に経験した。守りたい林分の周囲も含めて方針と計画を立てる必要がある。たとえば、地続きの複数の自治体にまたがって被害地がある場合、自治体ごとに防除に対する考え方が異なっていると、ある自治体のみがいくら防除対策をしっかりしたとしても、報われないことがある。また、私有林で、所有者が枯死木を駆除しない場合、行政としてどう対処するのか、これも大きな課題である。

ナラ枯れの被害を今後減らしていくには、病原菌と媒介昆虫の駆除方法に関する知識（第6、7章）が不可欠であるが、それに加えて長期的な見通しをたてることが必要である。つまり今後、長期的に里山林を維持していくのであれば、予防のことをしっかりと意識していく必要がある。枯れているナラ類やシイ・カシ類に限定せず、里山林全体の健康状態に興味を持ち、菌や昆虫と樹木の相互の関わりに意識を向けることが重要になる。

参考文献

伊藤進一郎（1994）関西地域におけるナラ類集団枯損の被害実態と対策の必要性、森林総研関西支所年報36：50
伊藤進一郎・黒田慶子（1993）ナラ類枯損被害に関与する菌類、森林総研関西支所年報、34：25
伊藤進一郎・山田利博・黒田慶子・伊藤賢介・山口守・三浦由洋（1990）ナラ類の集団枯損被害について、第101回日本林学会大会講演要旨集：154
Kubono, T. and Ito, S. (2002) *Raffaelea quercivora* sp. nov. associated with mass mortality of Japanese oak, and the ambrosia beetle (*Platypus quercivorus*). Mycoscience 43 :

255-260
熊本営林局（1941）カシ類のシロスジカミキリ及びカシノナガキクイムシの豫防驅除試験の概要、51pp、熊本営林局
小堀龍之（2007）今列島で　止まらないナラ枯れの拡大　生態系への影響の恐れも、グリーン・パワー2007・12：4―5
蔵治光一郎・洲崎燈子・丹羽健司（2006）森の健康診断―100円グッズで始める市民と研究者の愉快な森林調査、165pp、築地書館
黒田慶子（1996）コナラ・ミズナラの集団枯損にみられる木部変色と通水阻害、平成7年度森林総合研究所関西支所年報37：32
黒田慶子（2006）里山を守るには…最近のナラ枯れから学ぶこと、森林総合研究所関西支所研究情報80：1
黒田慶子（2007）変わりゆく里山―森林の健康という視点から：今里山で起こっていること―ナラが枯れていく―、森林総合研究所関西支所年報47：55―57
黒田慶子・山田利博（1996）ナラ類の集団枯損にみられる辺材の変色と通水機能の低下、日本林学会誌78(1)：84―88
黒田慶子・山田利博・伊藤進一郎（1992）ナラ類の集団枯損に見られる辺材部の変色と通水阻

害の進行、日本植物病理学会報58(4)：545
農林水産技術会議事務局編（2002）ナラ類の集団枯損機構の解明と枯損防止技術の開発、研究成果400、90pp、農林水産技術会議事務局
鈴木和夫（1999）樹木医学、325pp、朝倉書店

第2章

ナラ枯れとは何か

高畑義啓

1　ナラ枯れの特徴と発生の推移

ナラ枯れという現象

1980年代末以降、日本各地の森林でナラ類の樹木の大量枯死が発生するようになった(口絵・図1、口絵・図4)。枯死木の葉は萎《しお》れあるいは乾燥して、赤褐色に変色する。周囲の、生存している樹木の緑葉の中にあって、赤変した樹冠が大変に人目を引き、森林にかかわる多くの人たちの関心を集めている。

この大量枯死の顕著な特徴は、樹幹にカシノナガキクイムシ(*Platypus quercivorus*、以下カシナガと略記)という甲虫の多数の穿孔《せんこう》をともなうことである。この大量枯死は森林・林業関係者の間で「ナラ枯れ」「ナラ類集団枯損」「ナラ類集団枯死」などと呼ばれ、名称について混乱が見られるが、本書では「ナラ枯れ」と呼ぶ。

ナラ類の樹木が集団で枯死する被害については約70年前から報告がある。しかし比較的最近まで、カシナガの穿孔による枯死被害、すなわち虫害として記録されてきた。1980年代後半からの病理学的研究により、ナラ類樹木が集団で枯れる直接の原因は糸状菌類（いわゆるカビ・キノコの類）であること、および、その病原菌をカシナガが運んでいることが明らかになった。すなわち、本書で解説する「ナラ枯れ」とは、「カシノナガキクイムシが病原菌を伝播することによって起こる、樹木の伝染病の流行」なのである。病気としての名称は、「ブナ科樹木萎《い》凋《ちょう》病《びょう》」などが提案されている（伊藤ら 2003）が、未だ定まっていない。

ナラ枯れの発生地域

1980年代後半以降、現在に至るまで、ナラ枯れの被害発生地域は拡大傾向が続いており（伊藤・山田 1998、小林・上田 2005）、2005年における全国の被害面積は2000ha近くに達した（林野庁 2006）。

現在までに刊行されたナラ枯れに関する論文や林野庁および府県の報告書などを可能な限り収集し、筆者らの実見の結果などとも合わせて、日本における市町村・年次ごとのナラ枯れ被害発生状況を取りまとめてみると、次のようなことがわかった。

2007年までにナラ枯れ、または生立木へのカシナガの穿孔が確認された地域は、秋田、山形、福島、新潟、富山、石川、福井、長野、愛知、岐阜、三重、滋賀、京都、奈良、和歌山、兵庫、鳥取、島根、広島、山口、高知、宮崎、鹿児島の23府県に及ぶ(口絵・図10)。1980年より前の被害は比較的少数の市町村で散発的に発生しており、1980年代以降に起きているような顕著な拡大傾向とは異なる様相を示していた(口絵・図11)。とくに高知県では1950年代の報告があるのみで、その後は被害が報告されていない。また、三重、奈良、和歌山の各県では、1999年頃に被害が発生したが、2004年以後は枯死木の発生はあまり見られないようである。

その一方で、2006年には、それまで被害の報告がなかった秋田県(斉藤ら 2007)と愛知県(石田 2006)でナラ枯れが確認され、広島県(広島県農林水産部農林整備局森林保全室 2006)と山口県(衣浦、私信)でカシナガによるナラ類樹木への穿孔が確認された。さらに、新聞報道によれば、2007年には広島県と山口県でも枯死が発生している。このように、依然としてナラ枯れの発生地域は拡大し続けている。今後もさらに被害地が拡大する可能性が高く、何らかの対処が必要な状況にある。

被害の態様と発生時期

一般に、ナラ枯れの被害木は、カシナガの集団的な穿孔を受けた後に葉が萎凋して下垂するか、乾燥して赤褐色に変色する。カシナガの穿入孔からはフラス（木屑や虫の排出物などの混合物）が排出されており、被害木の根元には大量のフラスが堆積する。このような状態に至った個体のほとんどは、樹冠の葉が全て枯れて枯死に至る。しかし少数ながら、カシナガの多数の穿孔を受けた後も生残する個体が存在する（第3章、第4章も参照）。

葉の萎凋・変色や枯死は、梅雨明け後、7月中旬から8月にかけて発生するものが多いが、個体によっては9〜10月に枯れるものもある。また、比較的まれではあるが、穿孔を受けた翌年の春、展葉期に枯れる個体もある。

2　被害を受ける樹種と森林の特徴

被害を受ける樹種

本州において枯死被害が多い樹種はミズナラとコナラで（松本 1955、斎藤 1959）、とりわけミズナラが枯死しやすい（小林・萩田 2000、布川 1993）。九州ではマテバシイに被害が多く、ほかにウラジロガシ、アカガシなどの枯死が報告されている（曽根ほか 1995、

表2－1　ナラ枯れ被害において枯死が報告されている樹種

ブナ属	枯死被害は報告されていない。		
コナラ属	コナラ亜属	ウバメガシ節	ウバメガシ *Quercus phillyraeoides*
		クヌギ節	クヌギ *Q. acutissima*、 アベマキ *Q. variabilis*
		コナラ節	カシワ *Q . dentata*、 ミズナラ *Q. crispula*、 コナラ *Q. serrata*
	アカガシ亜属	イチイガシ *Q. gilva*、アカガシ *Q. acuta*、 アラカシ *Q. glauca*、ウラジロガシ *Q. salicina*、 シラカシ *Q. myrsinaefolia*	
クリ属	クリ *Castanea crenata*		
シイ属	スダジイ *Castanopsis sieboldii*、ツブラジイ *C. cuspidata*		
マテバシイ属	マテバシイ *Lithocarpus edulis*		

末吉 1990）。枯死が確認された樹種は、ブナ属（*Fagus*）を除く日本産ブナ科の全ての属にわたっている（表2‐1）。

ブナ科は非常に多くの種を含む科で、その中に含まれるコナラ属（*Quercus*）も多数の種を含んでいる。日本のコナラ属は形態的な差が大きい2つのグループ、コナラ亜属（ウバメガシ以外は落葉のナラ類）とアカガシ亜属（常緑カシ類）に分けられ、コナラ亜属はさらに3つの節に分けられる。そのほかに、日本のブナ科樹種としてはクリ属（*Castanea*）、シイ属（*Castanopsis*）、マテバシイ属（*Lithocarpus*）がある。このようなブナ科の分類上のグループを念頭に置いてナラ枯れを観察すると、グループごとに枯れ方の共通点（枯れやすい、カシナガ穿入後も生存するものが多い、など）が見られる（第4章参照）。

前述の通り、2000年頃までの本州の日本海側を中心とする地域のナラ枯れでは、ミズナラとコナラが主な被害樹種で、常緑のシイやカシ類などの樹木は枯れにくいと考えられていた。しかし近年、被害地が日本海沿岸から南下し、中部地方や関西地域の中南部に広がると、都市近郊林や都市内の緑地ではシイ・カシ類の被害も見られるようになった（野崎ら 2007）。外国産のナラ類やシイ・カシ類については、ナラ枯れで枯死被害を受けるかどうか明らかでないものが多いが、ローレルガシなどの枯死が報告されている（京都大学フィールド科学教育研究センター 2007）。ナラ枯れ被害がまだ発生していない地域も含めて、植物園や庭園、公園などでは注意する必要がある。

被害を受ける森林の特徴

ナラ枯れは比較的高齢で大径の樹木が多い広葉樹二次林（旧薪炭林など）での発生報告が多く（松本 1955、布川 1993）（第3〜5章参照）、前述のようにミズナラが枯死しやすいことから、ミズナラが優占する森林で被害が激甚となりやすい（山崎 1978）。

標高については、本州では700m程度までナラ枯れ被害が発生しているが（小林・上田 20

02、西垣ら 1998、塩見・尾崎 1997)、被害が多いのは300〜350mより下の、比較的低標高の森林である(小林・上田 2002、佐藤ら 2004、周藤ら 2001)。地形要因としては急傾斜地での被害が多いとされ(小林・上田 2002、佐藤ら 2004、塩見・尾崎 1997)、斜面方位については北東に偏る傾向があるとされている(小林・上田 2002、佐藤ら 2004)。

気象条件の影響

まだ詳細な検討はなされていないが、ナラ枯れの被害量はその年の気温や降水量によって変化すると思われる。ナラ枯れの本質は萎凋病、すなわち幹の水分通道の機能が悪くなって枯れる病気である(第4章参照)。したがって、高温小雨の年には感染木は水分欠乏に陥りやすく、枯死被害量が多くなり、逆に低温多雨の年には被害量も少なくなる可能性が高いと思われる。

ナラ枯れの歴史

ナラ枯れの歴史は古く、文献で確認できる最古の被害は1930年代の宮崎、鹿児島両県の被害である(熊本営林局 1941)。その後、1980年代までの間、散発的に山形、新潟、福井、滋賀、兵庫、高知、宮崎、鹿児島の各県で被害が報告されている（伊藤・山田　1998）。
　それらの報告には既に、比較的林齢が高く大径木の多い森林でナラ枯れが発生したという記述が認められる。以下にそうした被害報告を紹介してみよう。
「被害林は城崎郡西気村即ちスキー場として有名な神鍋山を囲む一帯の広葉樹林で樹種はコナラ、オオナラ、クリ、ブナ、シデ、カエデ等を主林木とした樹令50～120年生の老令過熟林分である。（中略）
　被害樹種はコナラ、オオナラに最も被害多く、次いでクリ、僅かにシデ、ブナが被害を受けている。樹令は50年以上の老令樹で50年未満の幼壮令樹はほとんど被害は見られない。」（松本　1955）（ここで言及されている「オオナラ」とはミズナラのことである）
「被害状況　概して40～50年生以上の大径木に多く、ここでは被害木の細小（原文ママ）胸高直径13㎝、普通は36㎝以上のものに多い。」（斎藤　1959）
「ミズナラ大径木の一斉林で被害が多い傾向が認められる。」（山崎　1978）
　このような記述から、1980年より前に発生していたナラ枯れ被害においても、（薪炭林としては）老齢過熟な林、あるいは大径木が被害の中心となっていたことが推察される。
　なお、この頃の被害は比較的短期間で終息することが多く、また地域的にも現在のように広域への拡大が生じることはなかった。現在のような被害の拡大が継続するようになったのは、1980年代以降のことである（伊藤・山田 1998）。

3　ナラ枯れの病原菌

ナラ枯れにおいて樹木を枯らしている病原体は、学名を *Raffaelea quercivora*（ラファエレア・クエルキボーラ）という糸状菌（口絵・図12、口絵・図13）、いわゆるカビである（伊藤ら 1998、Kubono and Ito, 2002）。なお、学名が記載されるまでは、この菌は関係者の間で「ナラ菌」と呼ばれていた。その経緯で、本書では簡略化して、この菌を「ナラ菌」と呼ぶこととする。

Raffaelea 属の菌はナラ菌以外に12種が記載されているが、ほぼ全てがカシナガのような養菌性キクイムシ（アンブロシアビートル）またはそれに穿孔された樹木の組織から分離されており、養菌性キクイムシと共生する菌類であると考えられている（Kubono and Ito, 2002）。しかし現在までのところ、ナラ菌以外の *Raffaelea* 属菌で樹木に対する病原性が確認された種はな

く（Kubono and Ito, 2002）、この菌は樹病学的にも興味深い菌類であると言える。

菌類と植物の病気

ナラ菌の説明の前に、菌類について解説しておこう。

菌類（真菌類）とは、いわゆるカビやキノコ、酵母類を含む生物のグループである。動物や植物などと共に真核生物（細胞内に核を持つ生物）と呼ばれるグループに属する。植物とは異なり栄養源をほかの生物やその死骸などに依存している（このような生存様式を従属栄養と呼ぶ）こと、基本的に運動性を持たないこと、細胞壁を持つことなどが特徴である。菌類のうち、基本的に多細胞で生活しているものは、その細胞が糸状であることから、「糸状菌（しじょうきん）」と呼ばれる（図２-１）。この糸状菌は、日常ではカビやキノコと呼ばれるものである。また、糸状菌に対して、基本的に単細胞で生活し、分裂や出芽で増殖している菌類は「酵母」と呼ばれる（口絵・図14）。「糸状菌」と「酵母」という名称は正式な分類上のグループを指すものではないが、歴史的な経緯などから、現在でもよく使用されている。

菌類は細菌（バクテリア）と名前が似ているため混同されることも多いが、細胞の基本的な構造などが全く異なっており、菌類と細菌とはそれぞれ全く別のグループに属する生物である。

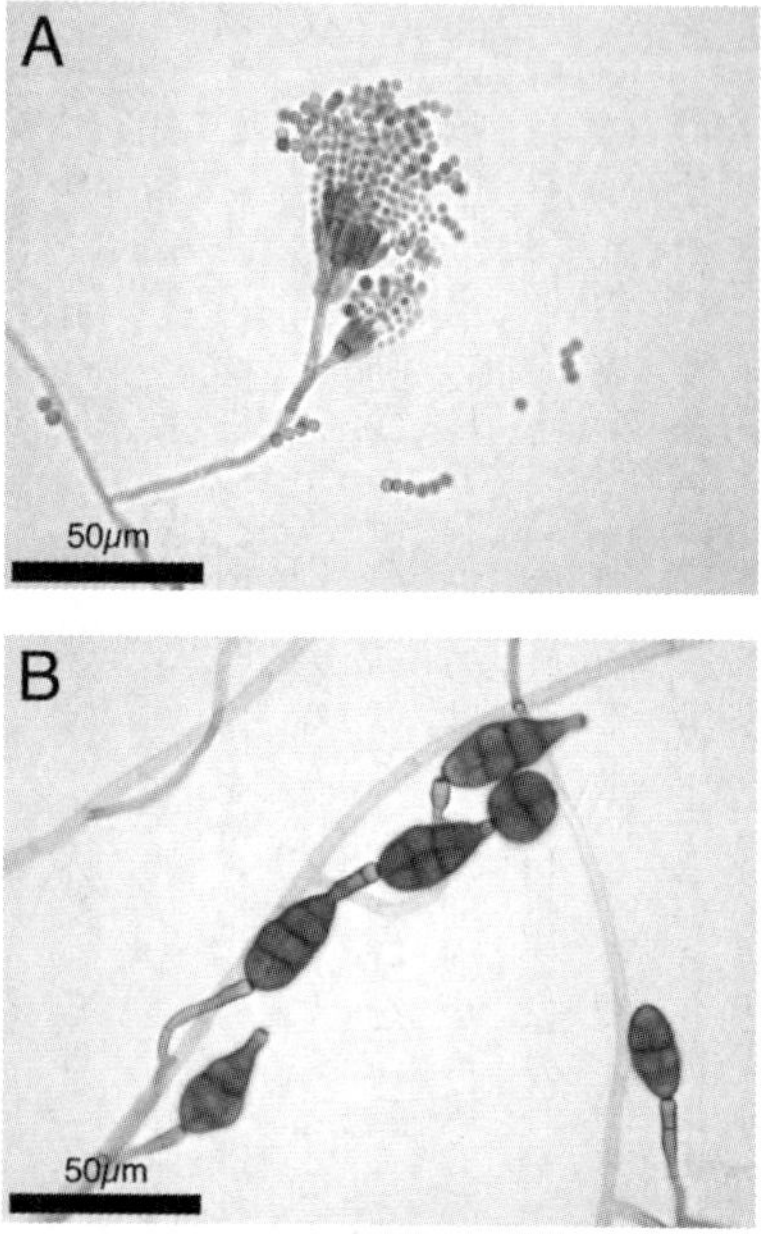

図2－1　樹木から分離された糸状菌

A：*Penicillium* 属菌の一種、B：*Alternaria* 属菌の一種。

また、古い文献では菌類を「隠花植物」と称して植物の一グループとして取り扱っているものもあるが、現在では、菌類は植物とは全く別のグループとして取り扱われている。

菌類は植物の病原体として非常に重要である。植物の病気を引き起こす微生物には、菌類、細菌、ウイルス、ファイトプラズマ、線虫など様々なものがあるが、菌類が引き起こす病気の種類が圧倒的に多い。また、農業・林業において、あるいは森林保全において重要な病気の多くが菌類を病原体としている。

ナラ菌の病原性

一般に、ある微生物が特定の病気を引き起こす病原であると言うためには、「コッホの四原則」と呼ばれる4つの条件を満たすことが必要であるとされる。その条件とは、(1)病原微生物はその病気と常につながりを持たなければならない、(2)その微生物は分離（対象とする微生物をほかの生物や環境中から純粋な状態で生きたまま取り出すこと）され、純粋培養されなければならない、(3)分離・培養された微生物を健全な植物に接種した場合には、全く同じ病気が引き起こされなければならない、(4)発病させた植物からは、同じ病原微生物が再分離されなければならない（鈴木 1992）、というものである。

この条件をナラ枯れにおけるナラ菌について見ると、まず、*R. quercivora* はカシナガの穿孔を受けてナラ枯れで枯死した樹木の組織から高い頻度で分離される（伊藤ら 1998）。純粋培養されたナラ菌の菌株が多くの研究者によって接種などの実験に用いられている。すなわち、条件(1)および(2)は満たされていると言える。

また、この純粋培養した菌を健康なナラ類樹木に接種すると、自然環境下で観察されるのと同様な状態でナラ類樹木が枯死することが複数の研究者によって確認され、さらに、その枯死木の組織からは、再びこの菌を純粋な状態で分離することができている(伊藤ら　１９９８、Murata *et al* ２００５、斉藤ら　２００１、高畑・池田　２００２)。すなわち、条件(3)および(4)も満たされている。

したがって、これらの実験結果から、ナラ枯れにおけるナラ菌はコッホの四原則を満たしており、ナラ菌はナラ枯れにおいてナラ類樹木を枯死させている病原菌であるということができるのである（図２-２)。

ナラ菌とカシナガとの関係

ナラ菌は樹木から脱出してきたカシナガの虫体からも分離される(伊藤ら　１９９８、Kubono and Ito, 2002)。また、健全なミズナラの生立木に対してカシナガを人工的に大量に穿孔させてやると、やはり自然環境下で観察されるのと同様に樹木が枯死し、枯死木からはこの菌が純粋な状態で分離されることが確認されている（Kinuura and Kobayashi, 2006)（第3章、口絵・図19参照)。

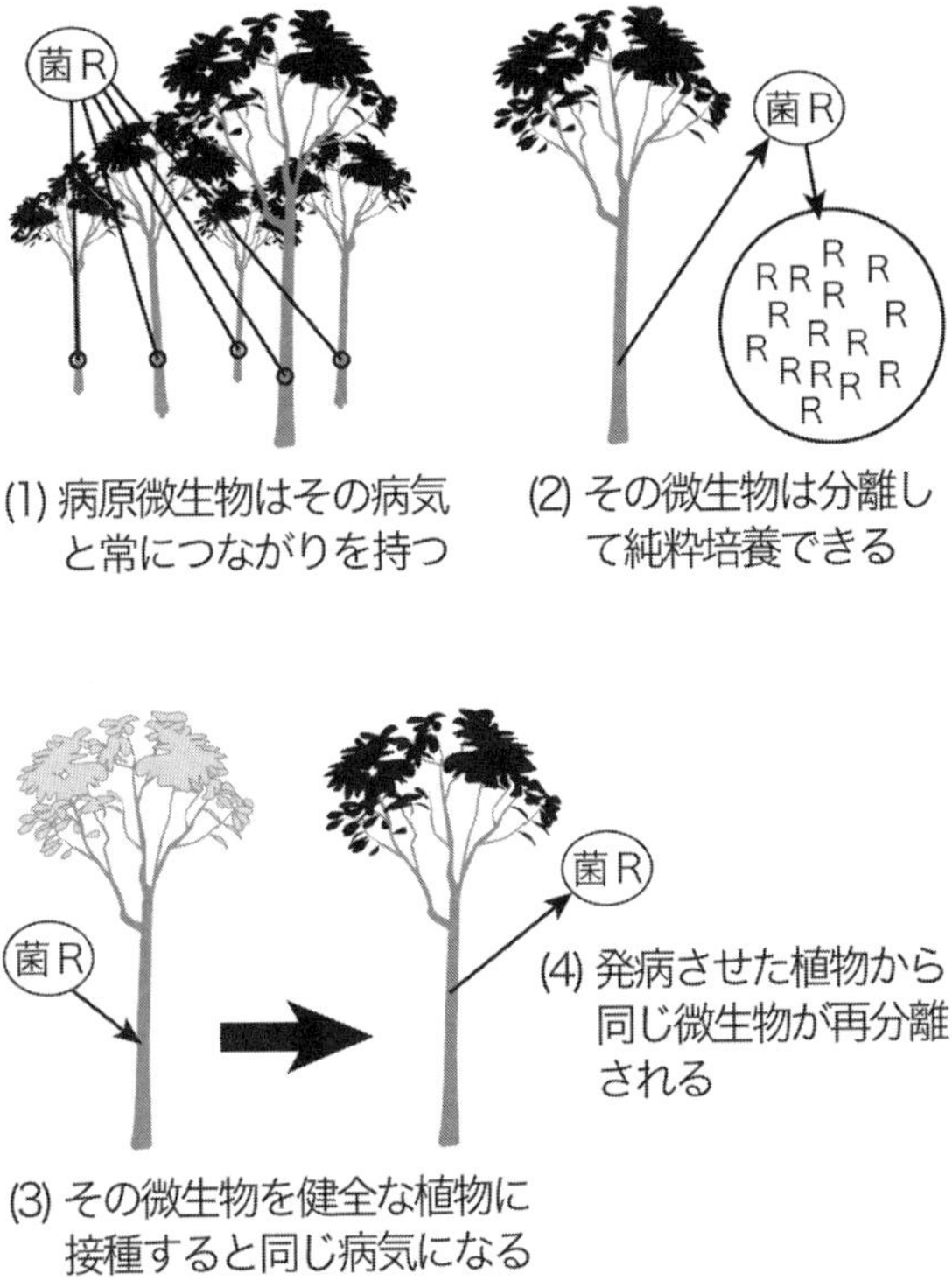
菌R
(1) 病原微生物はその病気と常につながりを持つ
菌R
R R R R R R R R R R R R R R R R
(2) その微生物は分離して純粋培養できる
菌R
(3) その微生物を健全な植物に接種すると同じ病気になる
菌R
(4) 発病させた植物から同じ微生物が再分離される

図2－2　コッホの4原則による微生物の病原性確認の概念図

ある微生物が特定の病気を引き起こす病原体であると言うためには、コッホの4原則（図中の4つの条件）を満たす必要がある。ナラ枯れについては、ナラ菌がこの4つの条件を満たすことが複数の研究者によって確認されている（図の「菌R」＝ナラ菌と読み替えてみてほしい）。

これらのことから、ナラ菌はカシナガによって枯死木から持ち出され、健全な樹木の組織の中に持ち込まれることが明らかにされた。すなわち、ナラ枯れにおいてカシナガは病原菌を伝播するベクターの役割を果たしている（第3章）。一方、カシナガの繁殖成功度は生存木より枯死木の方がはるかに高く（詳細については第6章参照）、ナラ菌は木を枯死させることでカシナガにとって好適な環境を作り出していると考えられる。このことから、ナラ菌とカシナガとは相利共生の関係にあるものと考えられる。

ナラ菌以外の菌類とカシナガとの関係

カシナガの虫体や孔道からは、ナラ菌以外の糸状菌や複数種の酵母類も分離される（伊藤ら１９９８、Kinuura, 2002、小林ら ２００４）。ナラ菌以外の糸状菌については、接種実験を行っても枯死が再現されなかったと報告されている（伊藤ら １９９８）。一方、酵母類は、カシナガの消化管からナラ菌よりも高い頻度で分離されることなどから、カシナガの餌としてナラ菌よりも重要であろうと考えられている（Kinuura, 2002）。酵母類とナラ菌との関係や、ナラ菌以外の糸状菌類とナラ菌との関係については、まだ明確なことは分かっていない。

参考文献

広島県農林水産部農林整備局森林保全室（２００６）広島県でカシノナガキクイムシの成虫捕獲される（都道府県だより1）、森林防疫55：２１７―２１８

石田朗（２００６）ついに愛知県でも発生～里山の木を枯らすカシノナガキクイムシ～、林業あいち６２０：４

伊藤進一郎・山田利博（１９９８）ナラ類集団枯損被害の分布と拡大、日本林学会誌80：２２９―２３２

伊藤進一郎・窪野高徳・佐橋憲生・山田利博（１９９８）ナラ類集団枯損被害に関連する菌類、日本林学会誌80：１７０―１７５

伊藤進一郎・村田政穂・窪野高徳・佐橋憲生・山田利博（２００３）*Raffaelea quercivora* によるブナ科樹木萎凋病（新称）について、第１１４回日本林学会大会学術講演集：１０５

Kinuura, H. (2002) Relative dominance of the mold fungus, *Raffaelea* sp., in the mycangium and proventriculus in relation to adult stages of the oak Platypodid beetle, *Platypus quercivorus* (Coleoptera: Platypodidae). Journal of Forest Research 7 : 7-12

Kinuura, H. and Kobayashi, M. (2006) Death of *Quercus crispula* by inoculation with adult *Platypus quercivorus* (Coleoptera: Platypodidae) Applied Entomology and Zoology 41 :

123-128

小林正秀・萩田実（２０００）ナラ類集団枯損の発生経過とカシノナガキクイムシの捕獲、森林応用研究９(1)：１３３－１４０

小林正秀・上田明良（２００２）京都府内におけるナラ類集団枯損の発生要因解析、森林防疫51：62－71

小林正秀・上田明良（２００５）カシノナガキクイムシとその共生菌が関与するブナ科樹木の萎凋枯死－被害発生要因の解明を目指して－、日本森林学会誌87：４３５－４５０

小林正秀・野崎愛・上田明良（２００４）寄主の含水率がカシノナガキクイムシの穿入行動と孔道内菌類に与える影響、日本応用動物昆虫学会誌48：１４１－１４９

Kubono, T. and Ito, S.-I. (2002) *Raffaelea quercivora* sp. nov. associated with mass mortality of Japanese oak, and the ambrosia beetle (*Platypus quercivorus*). Mycoscience 43 : 255-260

熊本営林局（１９４１）カシ類のシロスジカミキリ及カシノナガキクイムシの豫防驅除試験の概要、51pp、熊本営林局、熊本

京都大学フィールド科学教育研究センター（２００７）2、各施設における活動の記録、京都大学フィールド科学教育研究センター年報４：55－63

松本孝介（１９５５）カシノナガキクイムシの発生と防除状況ー兵庫県城崎郡西気村ー、森林防疫ニュース４(4)：74ー75
Murata, M., Yamada, T. and Ito, S. (2005) Changes in water status in seedlings of six species in the Fagaceae after inoculation with *Raffaelea quercivora* Kubono et Shin-Ito. Journal of Forest Research 10 : 251-255
西垣眞太郎・井上牧雄・西村徳義（１９９８）鳥取県におけるナラ類の集団枯損及びカシノナガキクイムシ穿入木の材含水率、森林応用研究７：１１７ー１２０
野崎愛・小林正秀・村上幸一郎（２００７）爪楊枝を用いたカシノナガキクイムシ脱出防止の試み、第１１８回日本森林学会大会学術講演集：Ｂ29
布川耕市（１９９３）新潟県におけるカシノナガキクイムシの被害とその分布について、森林防疫42：２１０ー２１３
林野庁編（２００６）森林・林業白書〈平成18年版〉国民全体で支える森林、２７９pp、日本林業協会、東京
斎藤孝蔵（１９５９）カシノナガキクイムシの大発生について、森林防疫ニュース８(6)：１０１ー１０２
斉藤正一・上野満・中村人史・大槻和彦（２００７）生物多様性保全に配慮した里山林の評価手法

と管理技術に関する調査、平成18年度山形県森林研究研修センター業務年報：8
斉藤正一・中村人史・三浦直美・三河孝一・小野瀬浩司（２００１）ナラ類の集団枯損被害の枯死経過と被害に関与するカシノナガキクイムシおよび特定の菌類との関係、日本林学会誌83：58－61
佐藤明・野堀嘉裕・高橋教夫・斉藤正一（２００４）ＧＩＳを用いた山形県朝日村におけるナラ類集団枯損の地理的特徴解析、東北森林科学会誌9：13－20
塩見晋一・尾崎真也（１９９７）兵庫県におけるコナラとミズナラの集団枯損の実態、森林応用研究6：１９７－１９８
曽根晃一・牛島豪・森健・井手正道・馬田英隆（１９９５）林内におけるカシノナガキクイムシの被害発生状況と被害木の空間分布様式、鹿児島大学農学部演習林報告23：11－22
末吉政秋（１９９０）広葉樹に発生したカシノナガキクイムシ被害（第1報）、森林防疫39：58－61
鈴木和夫（１９９２）樹木・森林の病害、（森林保護学、真宮靖治編、文永堂出版、東京）5－56
高畑義啓・池田武文（２００２）ナラ類の萎凋・枯死過程における水分生理機能の解明、（ナラ類の集団枯損機構の解明と枯損防止技術の開発、農林水産省農林水産技術会議事務局編、農林水産省農林水産技術会議事務局、東京）48－55
山崎秀一（１９７８）新潟県朝日村に発生したナガキクイムシの被害、森林防疫27：28－30

第3章

病原菌の媒介甲虫
カシノナガキクイムシ

衣浦晴生

この章では第2章のナラ枯れ被害の概要に続いて、ナラ枯れが発生するメカニズムの解明までの経緯や、ナラ枯れの病原菌である「ナラ菌（*Raffaelea quercivora*）」とともに、もう一方の主役で、病原菌の媒介者である「カシノナガキクイムシ」について、その生活史や近年明らかになってきた生態などについて解説していく。

1　ナラ枯れの発生メカニズム

原因解明以前

これまでの研究によって、「ナラ枯れ」はカシノナガキクイムシ（カシナガ）が健全なナラ類やシイ・カシ類の樹木に集中加害し、樹木にナラ菌を感染させることによって発生することが明らかになっている（口絵・図15）。しかしこの発生原因が明らかになるまでには、枯死の主たる原因として「ナラタケ説」（野淵　1993a・b）や「酸性雪説」（小川　1995、1996）など、様々な説が提唱されていた。

「ナラタケ説」は、被害地域で枯死したナラ類樹木を調査した際に、ナラタケの子実体（キノコ）が観察されたことから提唱された。その背景には、カシナガのような養菌性キクイムシ類（後述）と呼ばれるグループの甲虫が、健全な生立木を加害して枯死させる例が過去においてほとんど報告されていないという、昆虫学の常識があった。また「酸性雪説」では、被害地では菌根菌の子実体の発生が少なく、本来は健康な樹木の根に多数形成されているはずの菌根（根と菌根菌との共生体）が枯死木の根には観察されなかったことから、積雪が酸性降下物を濃縮させて根を弱らせたことが原因であるとされた。しかし、いずれも枯死木の観察により得られた結果をもとにしていたことから、それらが枯死の本当の原因なのかどうかは明らかになっていなかった。

　樹木が衰弱し始めると、カシナガ以外のキクイムシ類の加害や菌類の侵入が始まるため、枯死木のみを観察していたのでは、枯死の本当の原因を探ることはできない。枯死木に穿入《せんにゅう》したキクイムシ類の中には、枯死の原因ではないかと疑われながら、結局は樹木が衰弱した後に穿入していたことが明らかになった種も存在する（野淵　１９８０）。根も同様に、枯死後の時間経過と共に変化してくるため、枯死木のみの観察からは、本当の原因を知ることは困難であったことから、他の手法を用いて、本当の原因を探る研究が続けられた。

病原体および媒介者の特定

１９９０年代半ばごろには、枯死木やカシナガから、ナラ菌と呼ばれる特定の菌類（後に *Raffaelea quercivora* と同定、第2章参照）が優占的に分離されることが報告されはじめた。このように枯死原因の主犯ではないかと疑われる菌が、本当に主犯なのかどうかを確かめるためには、この菌を健康な樹木に接種して、その樹木が枯れることを再現しなければならない。当初は、接種実験で枯死を再現できなかったが（伊藤ら １９９３a・b、山岡ら １９９３）、その後、接種方法を改良することによって枯死を再現でき、さらに枯死木からナラ菌が再分離できたことから、ナラ枯れの原因はナラ菌であることが判明した（伊藤ら １９９８）。

一方、枯死木にはカシナガの穿入が多数確認されたことから（口絵・図18）、ナラ枯れにはカシナガが関与していることも疑われており、カシナガの体表からはナラ菌が優占的に分離されることから、カシナガはナラ菌を樹木から樹木へ運んでいる媒介者であると推察された（伊藤ら １９９８）。しかし、カシナガがナラ菌の媒介者になっていることを立証するには、カシナガを健康な樹木に接種して枯死を再現しなくてはならない。そこで、ナラ菌の場合と同様に、他の天然の個体が穿入しないようコントロールされた状態で、通常の集中加害と同様の密度でカシナガを接種した（口絵・図19）。この実験によって枯死を再現することができ、カシナガがナラ菌の媒介者であることが完全に証明された（Kinuura & Kobayashi, 2006）。

2　カシノナガキクイムシの概要

分類・分布

カシノナガキクイムシは、１９２１年に宮崎県綾北のアラカシ、イチイガシおよびマテバシイと新潟県越後の不明樹種から採集された標本に基づき、ナガキクイムシ科 *Crossotarsus* 属の新種として村山醸造によって記載された。その後 *Platypus* 属に移されて、現在学名は *Platypus quercivorus* (Murayama) が用いられている。分布は、日本では本州、四国、九州、沖縄で、そのほか台湾、インド、ジャワ、ニューギニアなど東南アジアに広く分布している（野淵１９９３a・b）。

東南アジアには本種の類似種として *Platypus koryoensis* (Murayama) が存在しており、韓国では日本のナラ枯れ同様、モンゴリナラの枯死が本種の加害によって発生している（鎌田ら２００６）。また近年、日本国内のカシナガの個体群は日本海型と太平洋型の２つに分けられることが明らかになってきており、種レベルでの分化が進んでいる可能性が指摘されている(後藤2007、濱口2007)。

形態と習性

雄が初めに穿入して孔道を創設する一夫一妻性の習性を持っている。成虫の形態は、雄の体長が4・5㎜前後、雌が4・7㎜前後と若干雌が大きく、色は光沢のある茶~暗褐色で、細長い円筒形をしている(口絵・図16)。雄の上翅は側縁の基方3分の2まで平行しその後先端に狭まり、第2列間部は斜面の開始点で強く突出し、第3列間部では後方に短く突出する。これより外側の列間部は合体して後端の出っ張りを形成する。雌の上翅斜面部は雄に見られるような突起を欠き単純となる。雌の前胸背の中央線周辺には円孔を5~10個程度そなえており、これが胞子貯蔵器官(Mycangia)と考えられ、アンブロシア菌と総称される共生菌を運搬している(口絵・図17)。カシナガは穿入した材そのものを摂食するのではなく、自らが持ち込んだ菌類を孔道内で繁殖させてこれを食べて生育している。このようにあたかも「農耕」するように菌類を食料として培養してから食べるグループを「養菌性キクイムシ類」と呼んでいる。幼虫は白色からクリーム色で褐色の口器(あご)を持つ。蛹《さなぎ》は白色で蛹後期には前胸背の模様で雌雄の判断

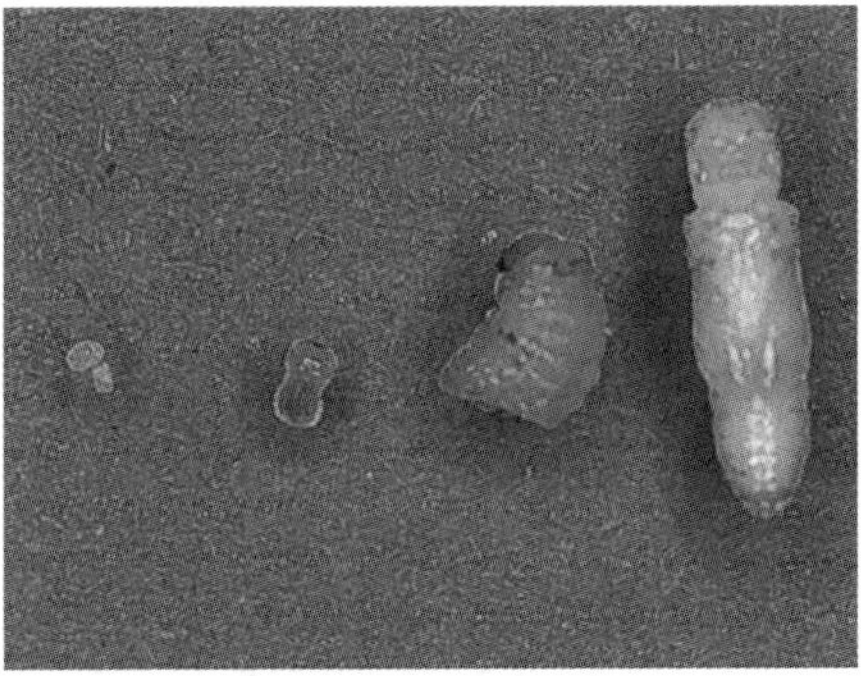

図3－1　カシノナガキクイムシ（左から卵・若齢幼虫・終齢幼虫・蛹）

ができるようになる（図3-1）。

3　カシノナガキクイムシの生活史

飛翔行動

新成虫の分散飛翔の開始時期は、地域や年によって異なるが、およそ6月上～下旬に始まる。発生（飛翔）の最盛期は一般に6月下旬から7月の間にみられるが、10月をすぎても発生が見られるため、発生期は長期にわたる（衣浦 1994、井上 1992、牧野ら 1994）。年度によっては明確な発生のピークを持たない場合もある。

性比はほぼ1：1で、雌雄では雄の方が早く発生して飛翔を始め、ピークも雄の方が早い（図3-2）。これ

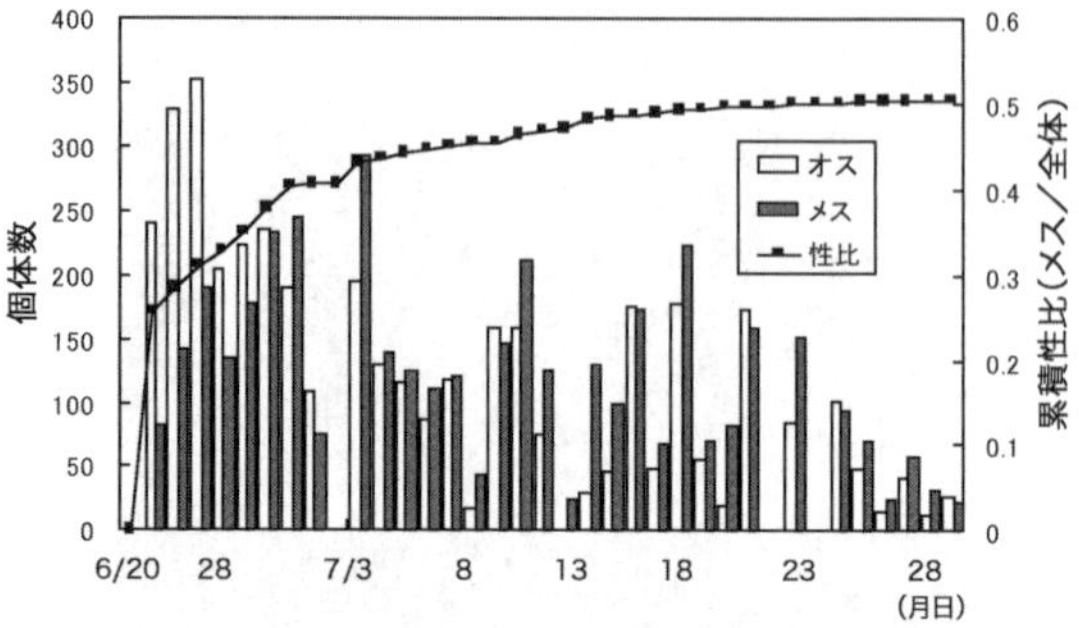

図3－2　カシナガキクイムシ発生消長（1998年：搬入網室内からの羽化）

は雄が先に穿入する本種の行動特性と関連していると思われる。

飛翔時間帯は、夜明け後から約2時間までと、他の多くのナガキクイムシが薄暮性・夜行性である（野淵 1980）のとは異なることが観察されている（図3-3）。また、カシナガの飛翔は、温度や日照に強い影響を受けることから、大量の飛翔は曇天では観察されず、午前中に20℃以上の気温で、日が射したときから始まることも明らかになっている（上田・小林 2000）。

カシナガは雌雄とも光に対して正の走性があり（Igeta et al, 2003）、光条件がカシナガの飛翔方向を決定する重要な要因であることが明らかになっている。また長距離の分散には風向の影響も強いと考えられている（鎌田 2005）。飛翔する高度は、粘着板トラップによる調査によって地上から0・5—2・5mの高さに捕獲数のピー

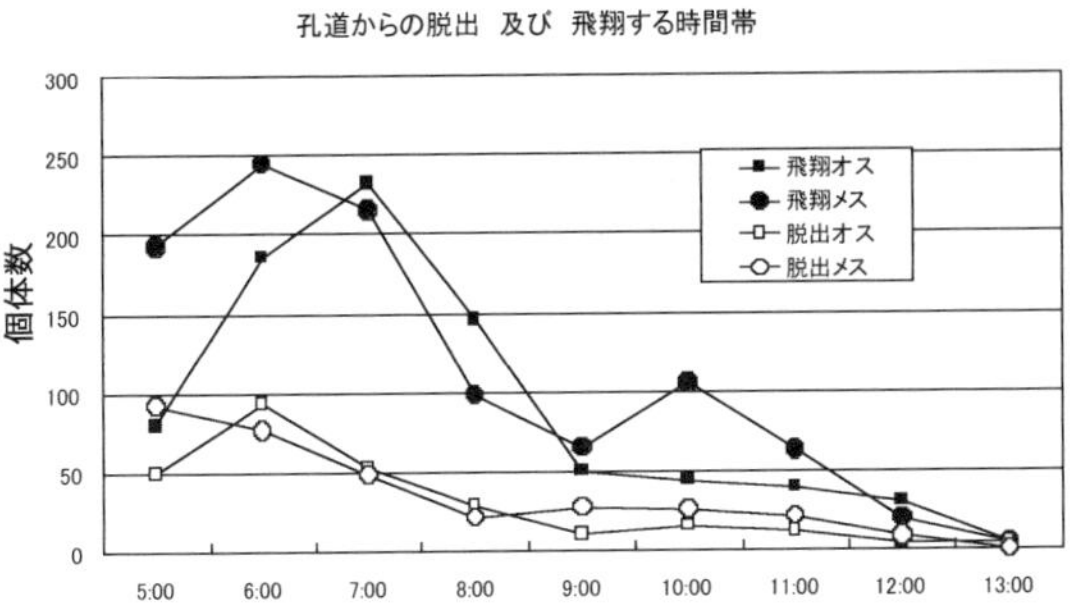

図3－3　カシノナガキクイムシの孔道からの脱出および飛翔する時間帯

クが認められており、低い位置ほど多くの個体が捕獲されている（Igeta et al, 2004）

カシノナガキクイムシの穿入行動

雄成虫は育った孔道から飛び立ち、穿入する樹木を見つけると穿入孔を掘り始め、粉状で褐色の木屑を排出し、同時に集合フェロモンという物質を放出して雌雄を誘引し、集中加害（マスアタック）を引き起こす。このように仲間を呼び寄せる集合フェロモンがあることは、以前から示唆されていたが（Ueda & Kobayashi, 2001）、近年GC-EAD法（ガスクロマトグラフ触角電位法）などを用いることによって、その物質は(1S, 4R)-p-menth-2-enであることが明らかにされ、ケルキボロールと命名された（Tokoro et al, 2007）。

カシナガの新たに穿入する樹木の選択は、被害の拡大

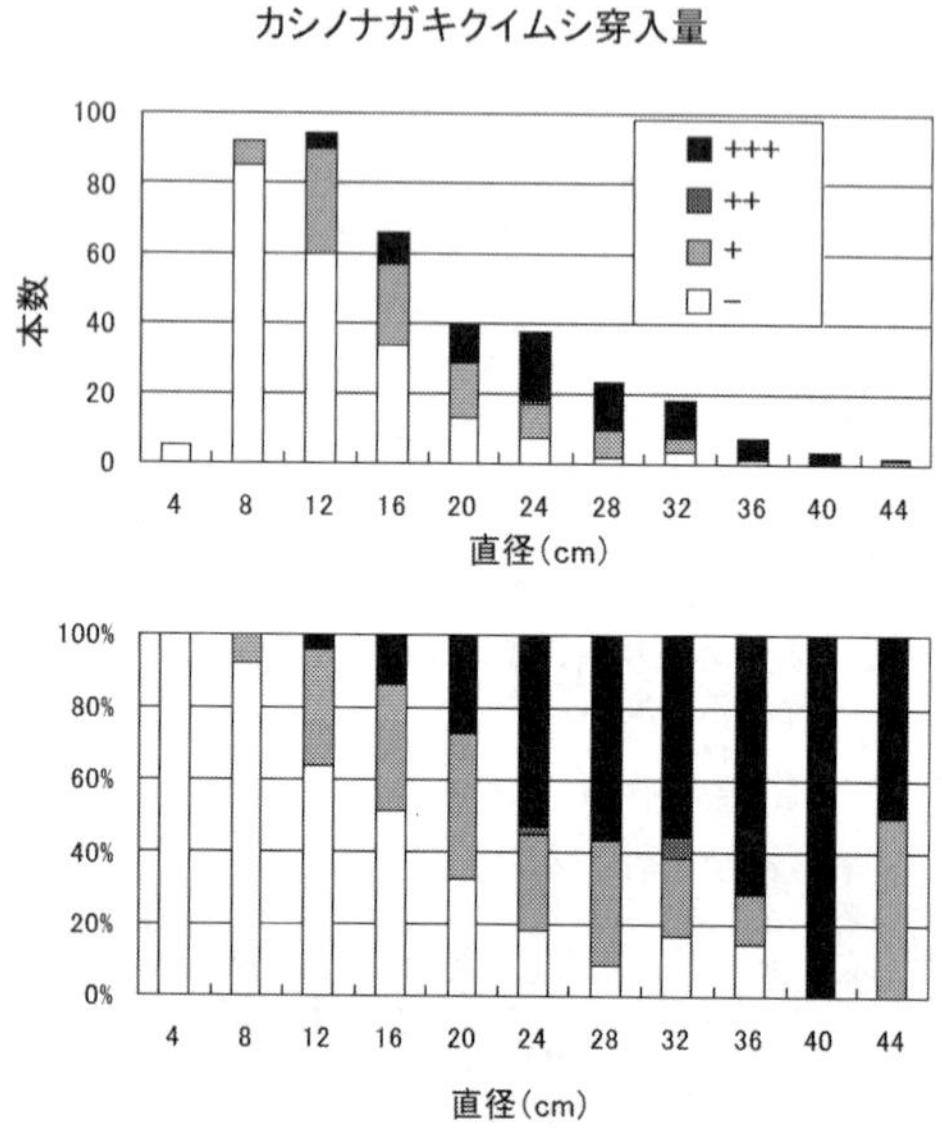

図３－４　カシノナガキクイムシ穿入量

上：本数、下：割合

に非常に重要な意味を持つ。カシナガは小径木よりも大径木を好み、樹幹上部よりも地際の太い部分に集中して穿入する（図3-4）。この原因として、大径の部位ほど繁殖に利用できる材部の体積が大きく、長い孔道を構築することが可能であることや（Hijii et al, 1991）、大径の部位ほど乾燥しにくく含水率が高く維持されるため、ナラ菌をはじめとするカシナガの共生菌が繁殖しやすいことが影響していると推察されている（小林ら２００３）。

カシノナガキクイムシの交尾行動

雄が穿入している孔道に雌が飛来すると、以下の①〜⑥のような一連の交尾行動が行われる(Ohya & Kinuura, 2001)。このとき、左翅鞘《ししょう》と腹部第7背板との摩擦音が、雌雄間のコミュニケーションに関係している(図3-5)。①雌成虫は一定のリズムで鳴きながら樹皮上を歩行し、雄の穿入している穴を見つけるといったん鳴き止み穴の中に入って行く(図3-6)。②雌はその後腹部を激しく震動させて先ほどの音と異なる音を発しながら外に出てくる。③この音が鳴るとそれに導かれるように雄も外に出てきて入り口を譲る。④雌は直ちに発音を止めて穴に入り、それに続いて雄も穴に戻り腹部末端を穿入孔から覗《のぞ》かせて鳴いたのち、中に入っていく。⑤しばらくした後、再び雄が穴の外に出てきて穴の上に体をかぶせた状態になる。さらにメスが下から腹部のみを穴の外に突き出し、そこで実際の交尾が行われる。⑥雌、そして雄の順に穴に戻っていく。

雄が他の雄の穴に侵入しようとすることも観察される。その場合は外の雄は無音のまま穴に入ろうとするが、中にいる雄に撥《は》ね付けられて通常はすぐに退散する。また、試験的に翅鞘の先端を切除して音が出ない雌を穿入させたところ、雌は腹部を振動させて発音しようとするが鳴くことができない。先に穿入していた雄は決して交尾行動に移ろうとせず、雄が穿入しよう

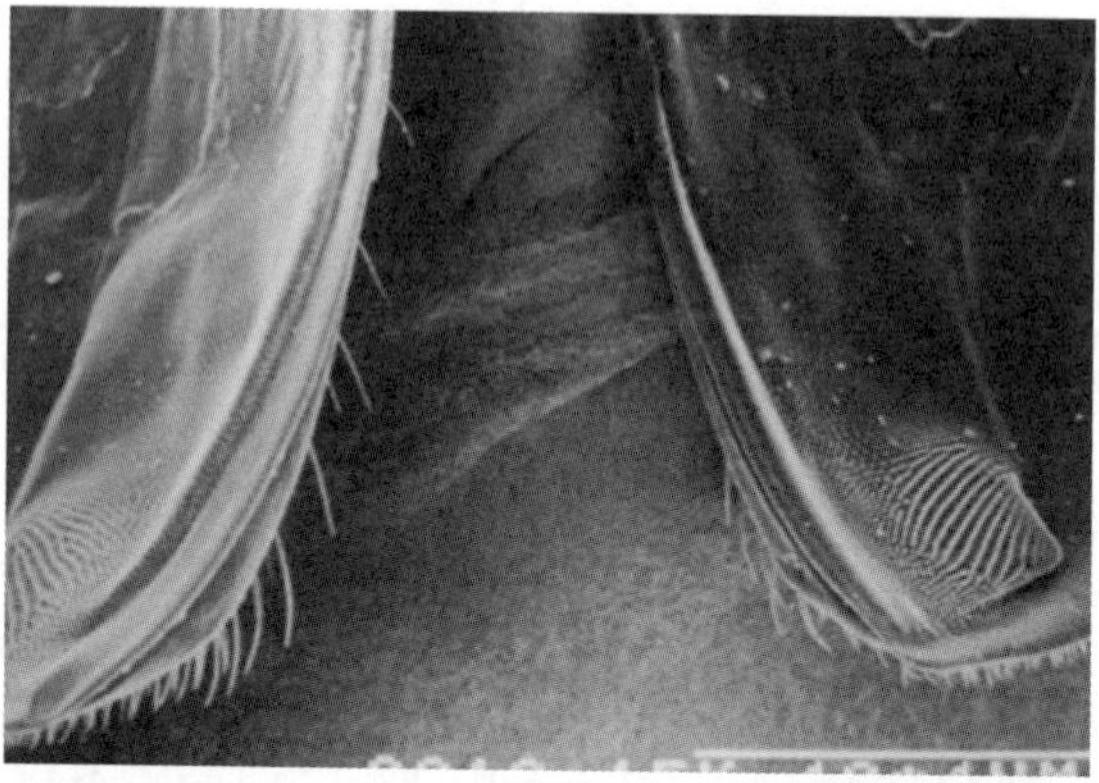

左右の翅鞘裏面

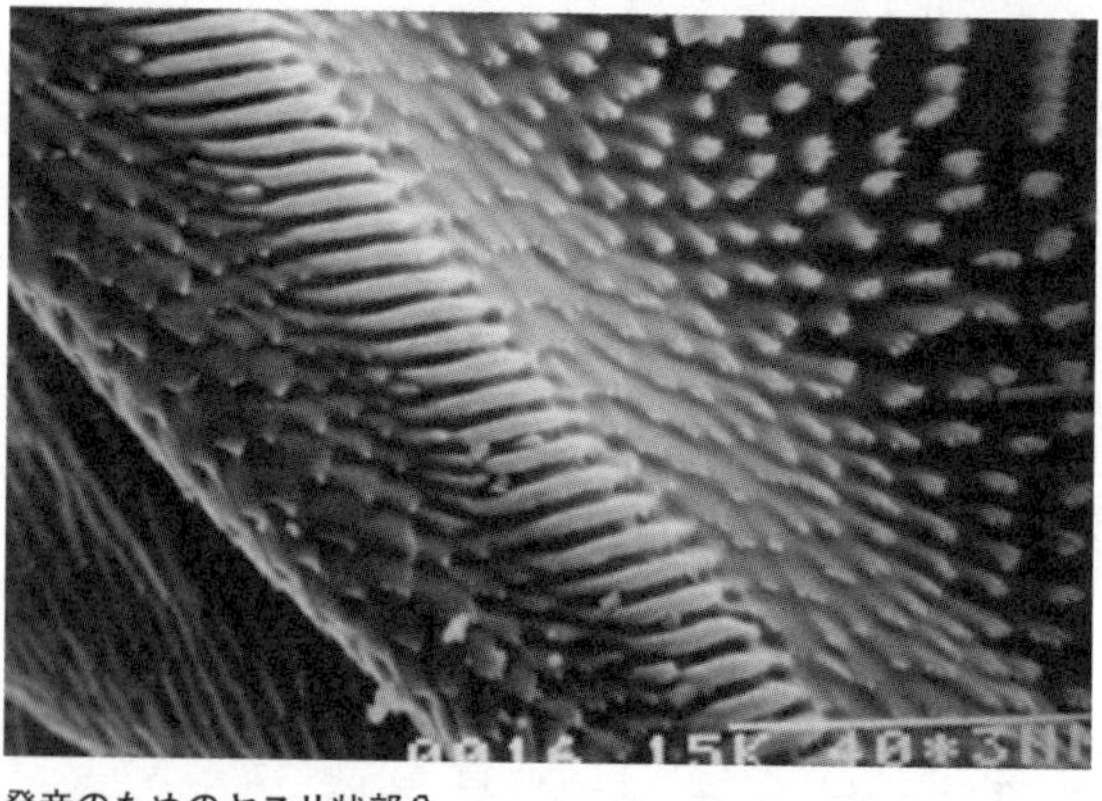

発音のためのヤスリ状部分

図 3－5　カシノナガキクイムシの翅鞘裏面および発音のためのヤスリ状部分

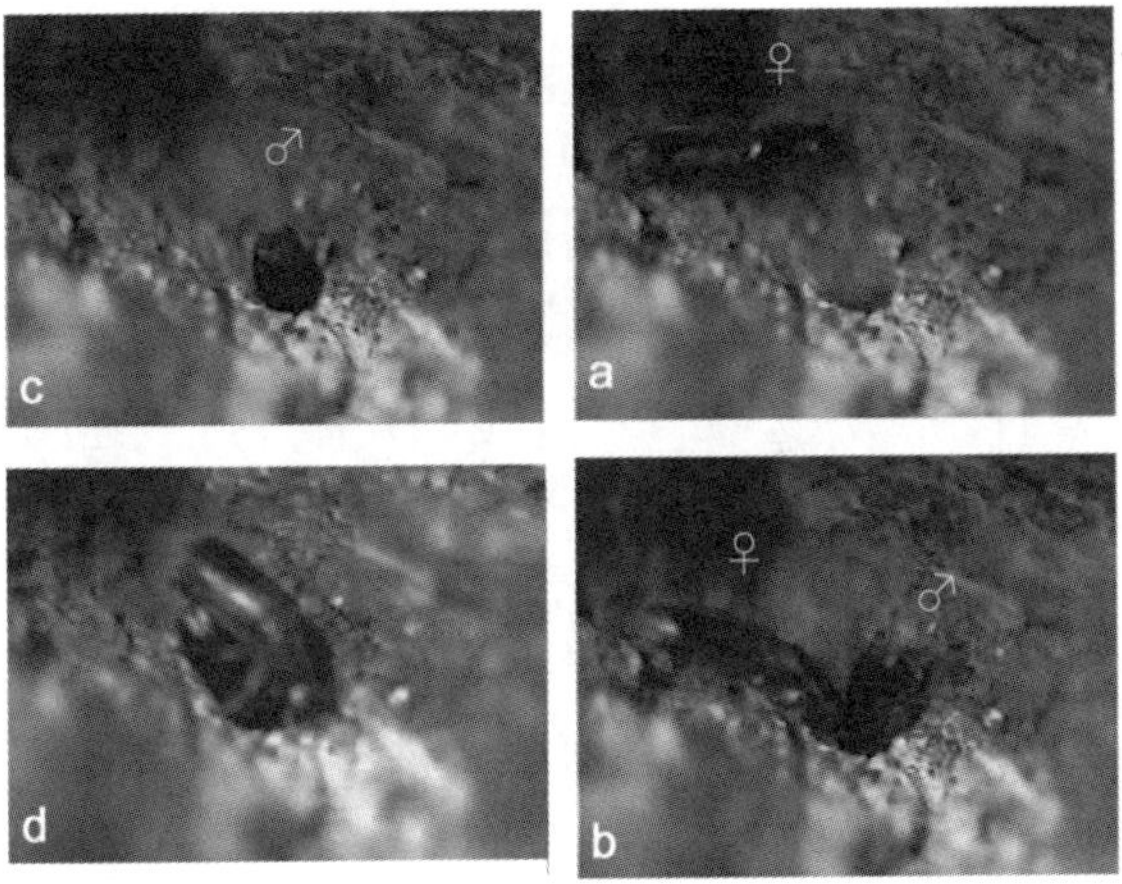

図3－6　雌接近から交尾に至るまでのビデオ映像のキャプチャー画像

a：雌接近
b：雌がいったん中に入った後、外に出てくる。続いて雄も外に出てくる
c：雌が先に穴に入り雄が続いて入る
d：雄が外に出てくる。雌は腹部のみ外に出して交尾

とする場合同様の防御行動をとったことから、カシナガの交尾には音が重要な役割を持っていて、孔道内の雄は連続音によって雌を認識すると考えられる。

材内の生態

カシナガは堅い材（木部）内に細長く複雑な孔道を形成することから、材内での生態調査は割材などによって行われてきた。そのため直接および経時的観察が難しく、これまで不明な部分が多かった。しかし近年ＣＴスキャンの使用（曽根ら１９９５）や、人工飼育法（梶村ら２００１）、および観察法の改良（小林２００６）などにより、新しい事実が明らかになってきている。

コナラ、ミズナラなど、落葉ナラ類（コナラ亜属）の場合、孔道の基本構造は水平方向に年輪に沿って延長される。それが水平または垂直に数回分岐して、水平孔道が何層にもなる多重構造になっている（口絵・図20）。孔道は辺材内部のみに限定され、心材に形成されることはないが、アラカシなど常緑カシ類（アカガシ亜属）では、水平方向の孔道が年輪に沿わず幹の中心に向かって形成され、心材まで達する傾向がある（第4章、口絵・図9Ａ参照）。

雌成虫は交尾数日後に数個の卵を産卵する。雌成虫は、病原菌であるナラ菌の他に、数種の共生菌を胞子貯蔵器官に入れて持ち込んでおり、それらの共生菌は孔道壁に付着して繁殖していく。孵化した幼虫は、孔道で繁殖した共生菌を摂食して生育し、雌成虫自身も孔道を拡張しながらこの共生菌を摂食して産卵を続けていく。ここで主食として摂食されている菌類は、*Ambrosiozyma* 属などの酵母類と推測されている（Kinuura 2002、高畑ら ２００５）（第2章、口絵・図14参照）。

初期に産卵された卵は、２週間程度で終齢幼虫（5齢）になり、幼虫自身が孔道の拡張（掘削）と卵の移動を行うことが観察された（小林ら ２００６）。終齢幼虫は、その後垂直方向に個室（幼虫室→蛹室）を形成し、その個室内で羽化して新成虫となり、翌年の6～9月に親成虫が掘った孔道を逆戻りして脱出する。一部の個体は、終齢幼虫で越冬するが、秋までに羽化して脱出する場合もあることから、部分2化であるとされている。

4　カシノナガキクイムシの繁殖能力

正確な産卵数の把握は困難であるが、人工的な飼育環境下では５００頭以上の次世代が発生する孔道があることから、潜在的には非常に高い繁殖能力を持つと考えられる（小林 ２００６）。

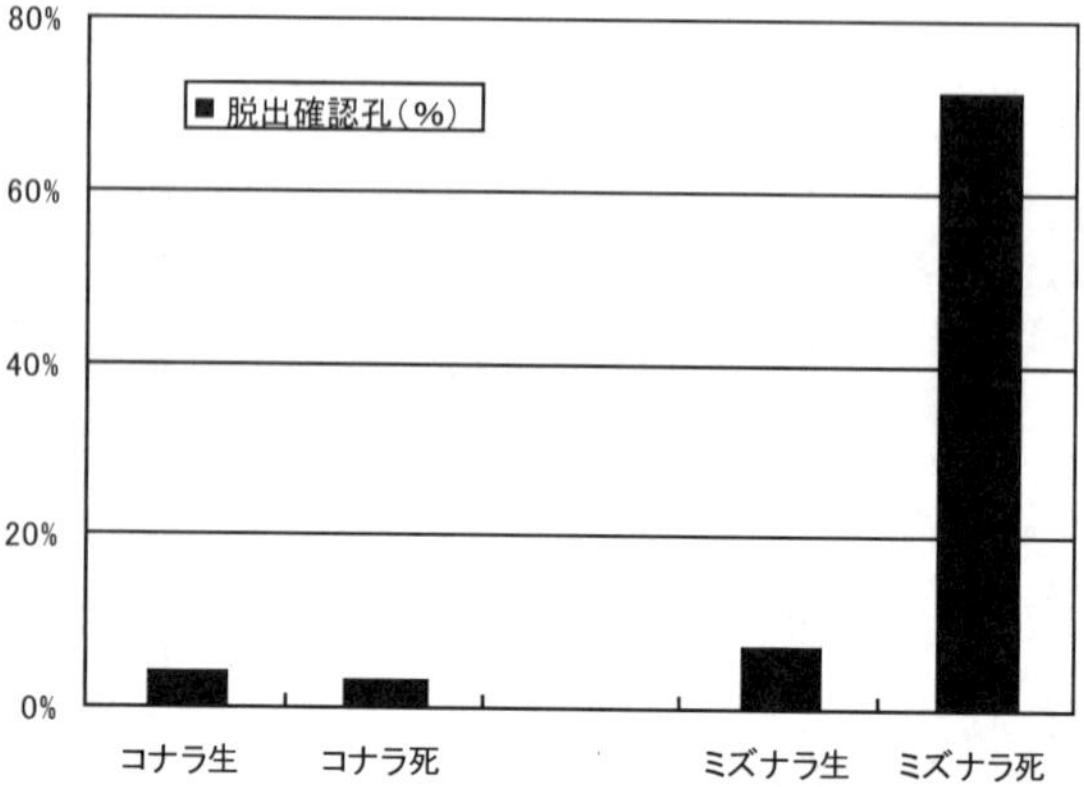

図3－7　樹種および生死別のカシノナガキクイムシの繁殖成功率

しかし新成虫の繁殖成功度（孔道当たりの次世代脱出頭数）は、様々な条件によって大きく変化する。特に穿入した木の生死、樹種、直径、過去の穿入履歴（前年までに既に穿入を受けているか）、などが重要となる。そのなかでも樹木のサイズには強い影響を受け、穿入している部分の直径が大きいほど、繁殖成功度が高いことが明らかになっている（小林　２００６）。このため、大径木が多い林分では、穿入する密度が高くなるだけでなく、繁殖成功度も高くなり、飛躍的に次世代数が増えることになる。

また、カシナガが穿入後に樹木が枯死すると繁殖成功度は高いこと（図3-7）、逆に穿入後にも樹木が死なずに生きていた場合には繁殖成功度が低くなること、さらに、前年までに穿入されて生き残った木、つまり、穿入の履歴がある場合にも繁殖成功度が低くなることが明らかにされている（詳細は第6章参照）。

昆虫の繁殖成功度や個体群動態に影響を与える要因として、天敵類の存在が挙げられる。カシナガに関しても、孔道から捕食性と考えられる甲虫類がいくつか見つかっている（図3-8）。またミズアブの仲間も孔道から幼虫が脱出してくる。しかし、カシナガ個体群の増減に影響を与えると考えられる有効な天敵はまだ見つかっていない。キクイムシ類は基本的に複雑な孔道の中で生息しており、羽化した樹木から新しい樹木に飛翔して穿入するまでの短い期間以外は、外敵に接することなく、非常に安全な生活を営んでいると言える。そして野外に露出して生活する他の昆虫に比べて、その個体群動態に強い影響を与えるのは天敵よりも餌や繁殖場所といった条件が繁殖に適しているかどうかであるとされている（野淵　1980）。成虫の翅鞘裏側や体表に付着している線虫類やダニ類についても報告されているが、個体群動態に与える影響は不明である。

参考文献

後藤秀章（2007）薩摩半島におけるカシノナガキクイムシの分布の状況、九州森林研究60、92

—94
濱口京子（２００７）リサーチ研究ＮＯＷ、林業新知識№６４５（２００７・８）、17
Hijii, N., Kajimura, H., Urano, T., Kinuura, H., and Itami, H. (1991) The mass mortarity of oak trees induced by *Platypus quercivorus* (Murayama) and *Platypus calamus* Blandford (Coleoptera : Platypodidae)-The density and spatial distribution of attack by the beetles-. J. Jpn. For. Soc 73, 471-476
Igeta, Y., Esaki, K., Kato, K., Kamata, N. (2003) Influence of light condition on the stand-level distribution and movement of the ambrosia beetle *Platypus quercivorus* (Coleoptera: Platypodidae). Appl. Entomol. Zool. 38, 167-175
Igeta, Y., Esaki, K., Kato, K., Kamata, N. (2004) Spatial distribution of a flying ambrosia beetle *Platypus quercivorus* (Coleoptera : Platypodidae) at the stand level. Appl. Entomol. Zool. 39, 583-589
井上重紀・三浦由洋（１９９２）落葉カシ類の枯損、40回日林中誌論、２３７—２３８
伊藤進一郎・黒田慶子・山田利博・三浦由洋・井上重紀（１９９３ａ）ナラ類集団枯損における枯損機構の解明—枯損被害に関連する菌類とその病原性—、第１０４回日林大会要旨集、２１６
伊藤進一郎・黒田慶子・山田利博・三浦由洋・井上重紀（１９９３ｂ）ナラ類集団枯損における枯

損機構の解明－健全なナラ類へのカシノナガキクイムシの接種－、第１０４回日林大会要旨集、２１７

伊藤進一郎・窪野高徳・佐橋憲生・山田利博（１９９８）ナラ類集団枯損被害に関連する菌類、日林誌80、１７０－１７５

梶村恒・水野孝彦・小林正秀・笹本彩・伊藤進一郎（２００１）人工飼料を利用したカシノナガキクイムシの飼育の試み、中森研50、18

鎌田直人・後藤秀章・小村良太郎・久保守・御影雅幸・村本健一郎（２００６）沿海州・韓国で最近起こったナラ枯れと今後のナラ枯れ研究の展望について、中森研54、２３５－２３８

鎌田直人（２００５）昆虫たちの森、日本の森林／多様性の生物学シリーズ５、東海大学出版会

衣浦晴生（１９９４）ナラ類の集団枯損とカシノナガキクイムシの生態、林業と薬剤１３０、11－20

Kinuura, H. (2002) Relative dominance of the mold fungus, *Raffaelea* sp., in the mycangium and proventriculus in relation to adult stages of the oak platypodid beetle, *Platypus quercivorus* (Coleoptera; Platypodidae) J. For. Res. 7, 7-12

Kinuura, H. and Kobayashi, M. (2006) Death of *Quercus crispula* by Inoculation with Adult *Platypus quercivorus* (Coleoptera: Platypodidae). Appl. Entmol. Zool, 41(1), 123-128

小穴久仁・垣内信子・江崎功二郎・伊藤進一郎・御影雅幸・光永徹・鎌田直人（２００４）ミズナラ樹皮に塗布したガロ酸・エラグ酸に対するカシノナガキクイムシの応答、中森研52、１１３―１１４
小林正秀（２００６）ブナ科樹木萎凋病を媒介するカシノナガキクイムシ、１８９―２１０樹の中の虫の不思議な生活、柴田叡弌・富樫一巳編著、東海大学出版会
小林正秀・上田明良（２００３）カシノナガキクイムシによるマスアタックの観察とその再現、応動昆47、53―60
小林正秀・上田明良・野崎愛（２００３）カシノナガキクイムシの飛来・穿入・繁殖に及ぼす餌木の含水率の影響、日林誌85、１００―１０７
小林正秀・野崎愛・衣浦晴生（２００４）樹液がカシノナガキクイムシの繁殖に及ぼす影響、森林応用研究13(2)、１５５―１５９
野淵輝（１９９３ａ）カシノナガキクイムシの被害とナガキクイムシ科の概要(I)、森林防疫42、85―89
野淵輝（１９９３ｂ）カシノナガキクイムシの被害とナガキクイムシ科の概要(II)、森林防疫42、１０９―１１４
野淵輝（１９８０）外材のキクイムシ類（上）―生態、南洋材と米材のキクイムシの同定分類―、

林業科学技術振興所、75pp
牧野俊一・佐藤重穂・岡部貴美子・中村克典（１９９４）カシノナガキクイムシの羽化消長と成虫の産卵数、日昆第54回大会・第38回日応動昆大会合同大会講演要旨、２２６
小川眞（１９９５）広葉樹が枯れてゆく、現代林業10、32－37
小川眞（１９９６）ナラ類の枯死と酸性雪、環境技術25、６０３－６１１
Ohya, E. and Kinuura, H. (2001). Close-range sound communication in the oak platypodid beetle, *Platypus quercivorus* (Murayama) (Coleoptera: Platypodidae). Appl. Entomol. Zool. 36, 317-321
曽根晃一・森健・井出正道・瀬戸口正和・山之内清竜（１９９５）Ｘ線断層撮影法（ＣＴスキャン）のカシノナガキクイムシの孔道調査への応用、応動昆39、３４１－３４４
高畑義啓・宮下俊一郎・衣浦晴生（２００５）紀伊半島のカシノナガキクイムシから分離された酵母類、第１１６回日本森林学会大会講演集
Tokoro, M., Kobayashi, M., Saito, S., Kinuura, H., Nakashima, T., Shoda-Kagaya. E., Kashiwagi T., Tebayashi S., Kim, C. and Mori, K. (2007) Aggregation pheromone, quercivorol: (1S, 4R)-p-menth-2-en-1-ol, isolated from the ambrosia beetle *Platypus quercivorus* (Maruyama) (Coleoptera: Platypodidae). Bulletin of Forestry and Forest

Products Resarch Institute 6(1), 49-57
上田明良・小林正秀（２０００）カシノナガキクイムシの飛翔と気温・日照の関係、森林応用研究 9(2)、93—97
Ueda, A. and Kobayashi, M (2001). Aggregation of *Platypus quercivorus* (Murayama) (Coleoptera: Platypodidae) on oak logs bored by male of the species. J. For. Res. 6, 173-179
山岡裕一・吉岡恵・金子繁・布川耕市（１９９３）カシノナガキクイムシが侵入したミズナラからの菌の分離と接種実験、第１０４回日林大会要旨集、２１６

第4章

感染木が枯れる仕組み

黒田慶子

この章では、病原菌のラファエレア・クエルキボーラ *Raffaelea quercivora*（以下ナラ菌）に感染した樹木が枯れる仕組みについて解説する。樹木細胞の防御反応や萎凋《いちょう》症状など具体的な話に入る前に、樹木の解剖学や生理機能の基礎的なことがらについてふれておきたい。病気に感染した木が枯れる仕組みを理解するには、樹木の中の見えないところで何が起こっているのか理解しておくことが非常に重要である。

1　カシノナガキクイムシ穿入木の断面

健全なナラ類（コナラ・ミズナラなど）の幹の中心部には褐色〜黒褐色の心材があり、その周囲の淡色（淡黄〜淡褐色）の部分は辺材と呼ばれる（口絵・図8-A）。カシノナガキクイムシ（以下カシナガ）の穿入を受けた樹幹の木部は、穿入母孔や水平孔（第3章参照）にそって辺材が褐色〜黒褐色に変色する（口絵・図8-B、C）。心材と同様かあるいはやや濃い色合いである。変色のメカニズムについては後述する。カシナガの集中加害をうけて孔道が多数形成された部位では、辺材のほぼ全面が口絵・図7-Aや口絵・図8-Bのように褐色になる（黒田・山田 199

6)。樹幹に侵入したカシナガが定着せず、短い孔道形成で終わった場合には、変色も、短い孔道にそった部分にしか拡がらず（口絵・図8-C)、辺材全体の変色には至らない。心材色が少し薄い個体では、変色もやや淡色の場合がある。

病原菌が樹木の幹や根に感染する場合、通常は樹皮が真っ先に侵入を食い止める防御壁の役目を果たす。しかしこの病気では、カシナガが樹皮に穴をあけて材内に穿入するため、ナラ菌は容易に木部に侵入することができる。ナラ菌は、雌のカシナガのマイカンギア(胞子貯蔵器官、第3章参照)に入った状態でコナラやミズナラの樹幹内に持ち込まれる。そして、カシナガが木部に孔道を掘り進むにつれて、菌は孔道の内壁に繁殖し、分布範囲を拡大していく。図4-1に樹幹と孔道と菌の関係について概要を示した(口絵・図20も参照)。ナラ菌にとって、ナラ類やシイ・カシ類の木部の硬い細胞を自力で突き破って伸長することはかなり困難である。しかし、カシナガの縦横に伸びる長い孔道を利用できるので、この菌は樹幹内部を迅速に広がることができ、結果として病気を起こすことが可能となる。

カシナガの穿入は樹幹下部で多い傾向があるため、高さによって辺材変色の割合が異なり、口絵・図21のようになることが多い。変色断面積の垂直方向の変化を図示すると図4-2のようになる。枯れ始めた個体（図4-2、c～e）では、樹幹基部の変色断面積が大きい。

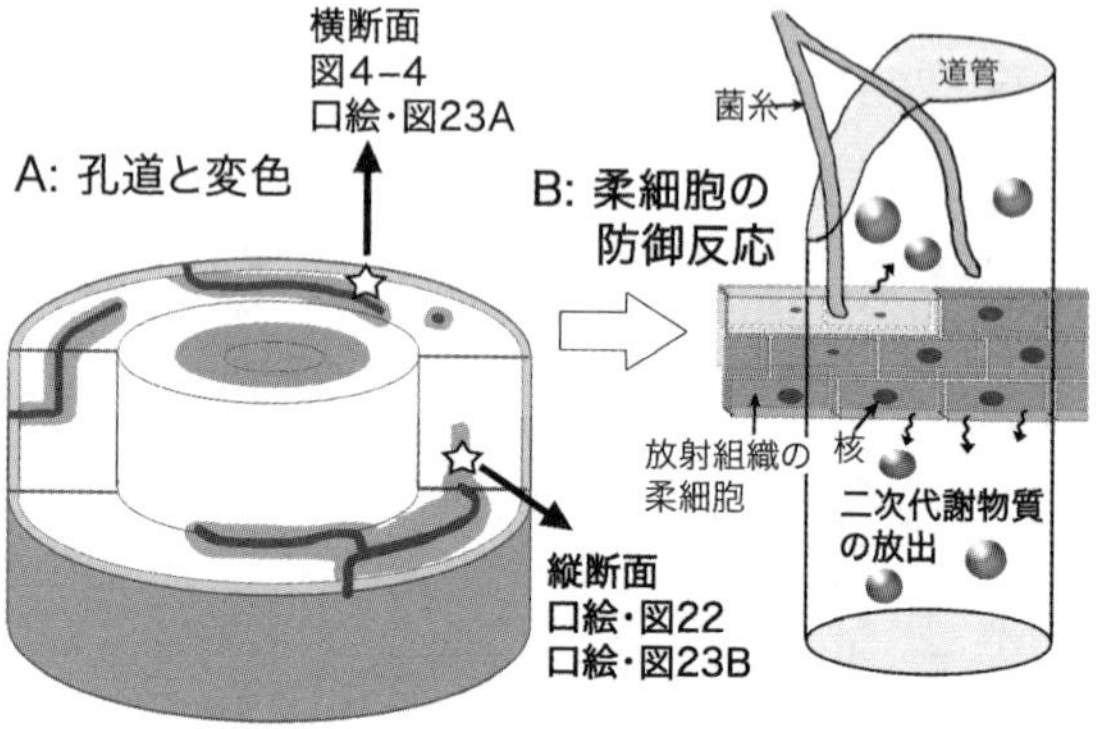

図４－１　カシノナガキクイムシが穿入した樹幹内部および防御反応

Ａ：カシナガの孔道周辺部ではナラ菌が繁殖し、変色が起こる。星印は実体顕微鏡および光学顕微鏡で観察した位置を示す。
Ｂ：柔細胞から道管内に二次代謝物質が放出される。テルペン類やフェノール類を含む物質が酸化・重合し、材が褐色になる。褐変した部位では水分通道が停止する

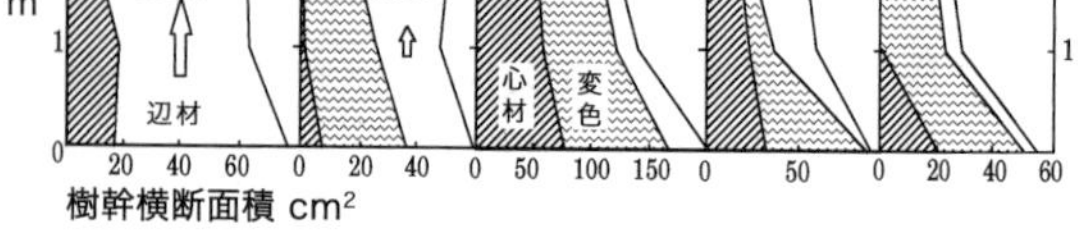

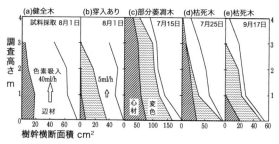

図４－２　カシノナガキクイムシ穿入木と枯死木における変色断面積の垂直分布

ａとｂについては、樹幹下部から注入した色素の吸い込み量を示した（黒田・山田1996より改変）

ナラ類では、カシナガの孔道は辺材の年輪に沿って形成され、心材には形成されない。カシ類では幹の中心に向かって形成される傾向があり、変色はナラ類ほど濃くならない例が多いとされるが（口絵・図９-Ａ）、辺材への孔道形成が多い場合もある（口絵・図９-Ｂ）。

２　ブナ科樹木の組織の特徴――枯死メカニズムを理解するために

樹木の辺材は大部分が死んだ細胞で成り立っており、生きている細胞の割合は低い（島地ら１９７６）。広葉樹では、道管と仮道管（種によっては仮道管のみの場合もある）という筒状の通道組織（水を運び上げるための管、死んだ細胞）が根から吸った水分を葉まで運ぶ（島地・伊東１９８２、佐伯１９８２）（図４-３）。道管内を上がる水は「木部樹液」と呼ばれ、混入物が極めて少ない水であることがわかっている。師部（内樹皮）の中を下方に流れる同化物質（糖類）と木部樹液を混同しないよう、きちんと区別する必要がある。道管のまわりを取り巻いている厚壁で空洞の細胞は木部繊維と呼ばれ、樹幹が自立するための強度を保つ役目を果たしている。生きている細胞としては、形成層の細胞以外に軸方向の柔細胞や、道管と直角に交わる放射組織の柔細胞がある（島地・伊東 1982、佐伯 1982）（図4-1、図4-4）。

　放射組織の柔細胞は、形成層で作られてから数年～10年以上も生き続ける寿命の長い細胞であり、樹木の生命を維持するのに重要な役目を果たしている。その役割の概要をまとめると、葉で作られた同化物質は師部（内樹皮）を通って下方に運搬され、師部の放射組織に入り、エネルギーを必要としている形成層に運ばれる。さらにそこから木部に運ばれ、余った同化物質は柔細胞内にでんぷん粒として貯蔵される。心材（口絵・図8-A）が形成される際には、放射柔細胞内でテルペンやフェノール性物質など、心材成分（二次代謝物質。抗菌作用がある成分が含まれる）が生産される（Hillis 1987）。それを細胞外に放出するとともに放射柔細胞は寿命がきて死ぬ。また、放射柔細胞は木部の

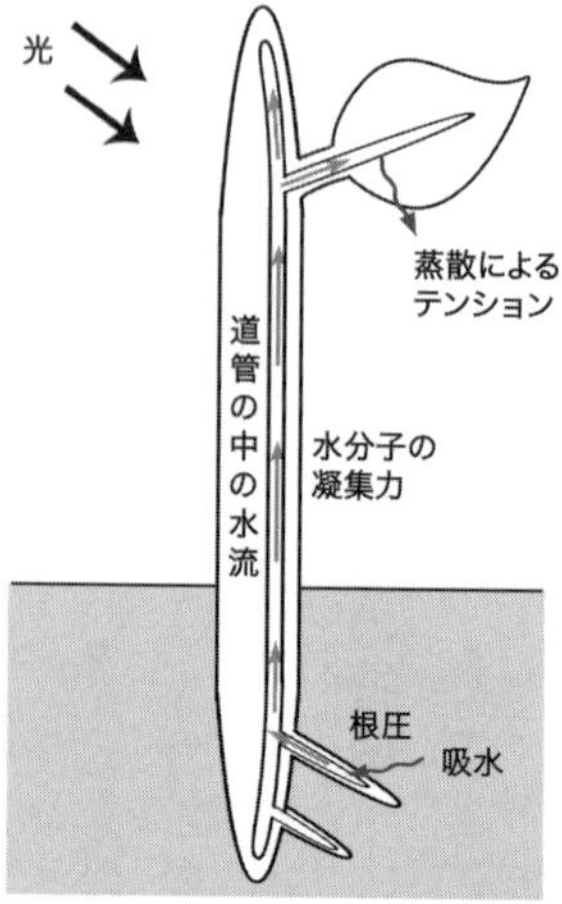

図4-3　木部樹液の上昇の概念図

根毛から吸われた水は、根圧、蒸散による引っ張りの力と水分子の凝集力で梢端まで上がることができる。

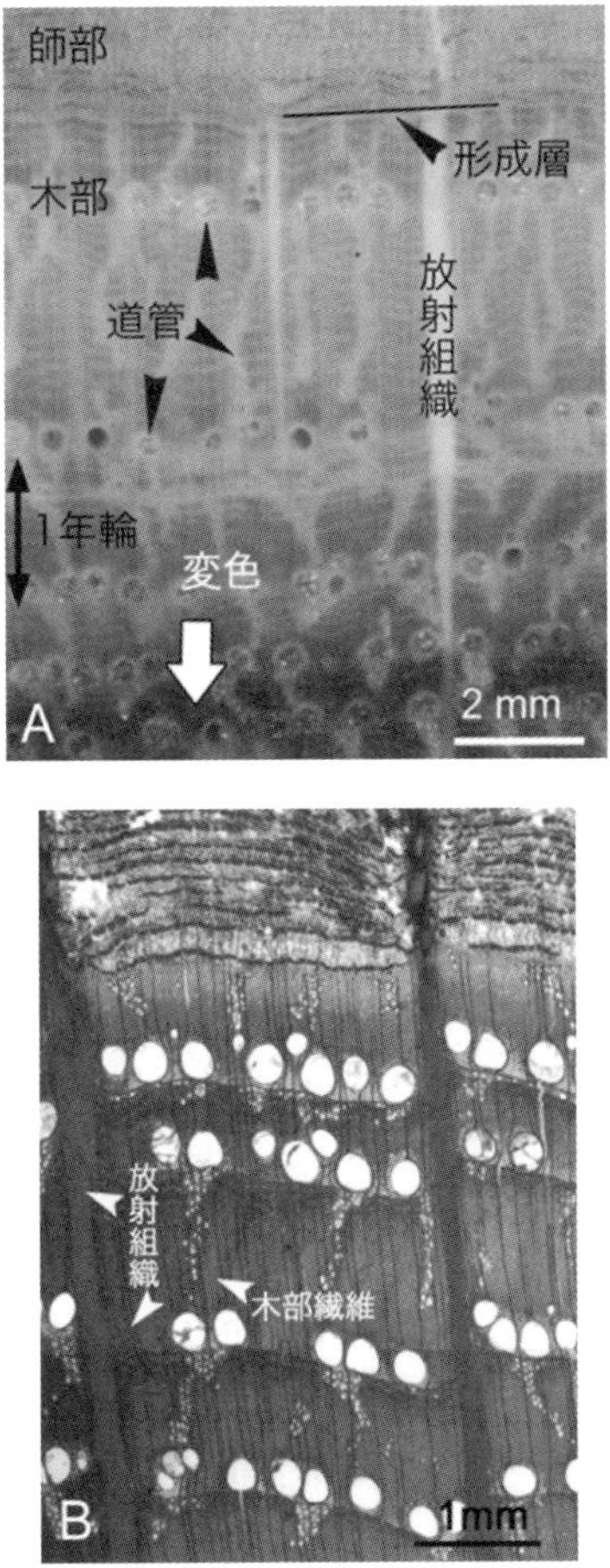

図 4 − 4　コナラの樹幹の組織・細胞の名称（横断面）

Ａ：実体顕微鏡写真、Ｂ：光学顕微鏡写真

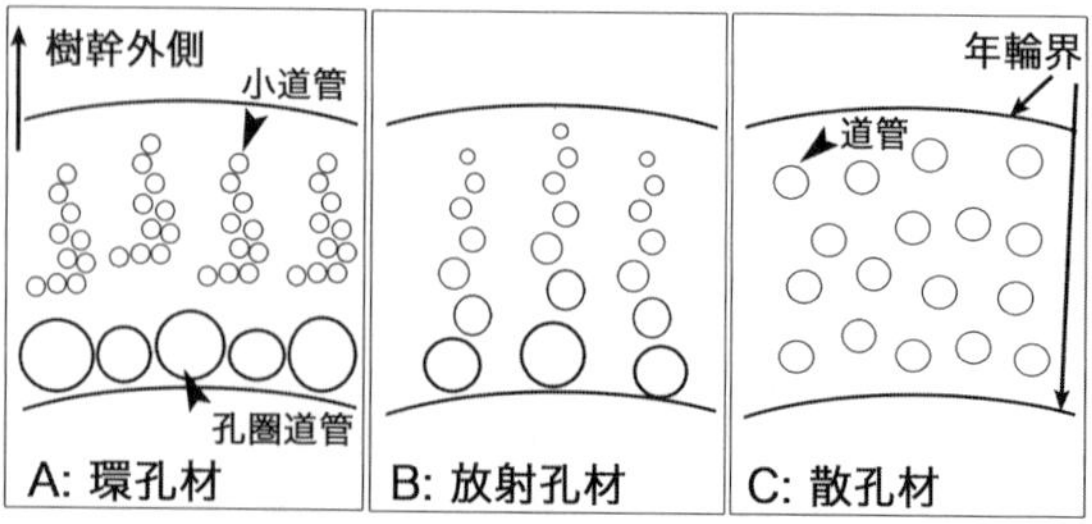

図4－5　ブナ科樹木の道管分布の特徴

コナラ（環孔材）、アラカシ（放射孔材）、被害を受けないブナ（散孔材）木部の横断面 I 年輪を示す。

樹液流動にも関わっているのではないかと考えられている。

ナラ類（コナラ亜属）のミズナラ、コナラの木部（材）では、春に、最初に形成される道管が非常に太く、直径が200～300㎛（1㎜＝1000㎛）ある。この大径の道管は年輪に沿って同心円状に配列する。さらに年輪の外側に向かって、直径が30－50㎛の細い道管が多数配列する(図4-4、4-5A)。このような木部を環孔材という。ナラ類の他、ケヤキ、セン、クリなどが環孔材を持つ樹種である。アラカシなどカシ類（アカガシ亜属）でも春に形成される道管は大径であるが、道管の並び方はナラ類と異なり、放射方向に並ぶため、放射孔材と呼ばれる(図4-5B)。シイ類（シイ属）の道管は環孔材と放射孔材の中間的な配列で、半環孔材とも呼ばれる。一方、カシナガが穿入しても枯死していないブナ（ブナ属）では、サイズは中庸で均一な道管が散在しており、散孔材と呼ばれる（図４-５Ｃ）。

大径の道管は大量の樹液を運ぶことができるが、土壌からの水分供給が減ったときに、水の流れが途切れやすい。春には機能しているが、夏の渇水期には中が空になって機能していない場合も多いといわれている。一方、多数をしめる小径の道管（図４-５Ａ）は、運搬効率は悪いが水の流れが切れにくく、樹液を葉まで運ぶ機能が保たれやすい。このように、道管の太さや配列によって水分の供給システムが異なっている。また、水分の要求度（乾燥に対する耐性）は樹種によって異なる。ナラ枯れは萎凋病、つまり萎《しお》れて枯れる病気であることから、樹体内の水分の動きを知ることは、この病気を理解するのに役立つ。また、このような樹木の種や分類群単位の特性が、病気に感染した際の抵抗力に関わる場合もある。

３　感染木内での菌の挙動と樹木細胞の反応

カシナガ穿入木でまだ枯死していない個体の孔道付近(図４-１、星印)を解剖すると、光学顕微鏡下では口絵・図22に示すようにナラ菌の菌糸が活発に伸長し、道管の中から生きている柔細胞の中に侵入している様子が観察される（Kuroda 2001）。糸状菌には生きている細胞を栄養源とするものと、死んだ細胞の成分であるセルロースやリグニンを栄養源とするものがある。死んだ細胞を栄養源とする場合には、樹木の細胞は反応を示すことはないが、ナラ菌のように生きている細胞を栄養源とする場合には、宿主（感染した樹木）の細胞は菌に対して防御しようと反応する。

菌に侵入された細胞（大半は放射組織の柔細胞）は死んでしまう。そして、その周囲の生きている細胞は、菌の活動（分解酵素の分泌など）に反応して、フェノール性物質やテルペン類など、前述の心材成分と似た成分を生産し、生成物は二次代謝物質と総称される。これは防御反応と呼ばれ、樹木組織はこのような抗菌作用のある物質によって侵入してきた微生物を撃退しようとする。しかし同時に、これらの物質を生産した細胞も、その物質の毒性により死ぬことになる。生成した二次代謝物質は細胞の劣化や壊死《えし》と共に周囲の道管内腔に漏れだして、顕微鏡下では淡い褐色に染まった部分が確認できる（口絵・図23）。放射組織の防御反応と道管の関係を図示したものが図4-1である。

このような防御反応が起こった部位とその周辺では、生成物の酸化や重合が進んで、材は心材と同様に褐色から黒褐色に着色する。変色した木部組織は、正常な心材と同様に樹液が上昇できなくなることがわかっている。大径の道管では水分の通道（木部樹液を運びあげる機能）が停止した後に、風船状のチロースが形成されるという特徴も見られる（口絵・図22、口絵・図23）。

二次代謝の活性化（防御反応）には通道の停止が伴うが、そのかわりに抗菌作用のある二次代謝物質を蓄積して微生物の増殖や成長を阻害して発病を止めるのが通常のシナリオである。しかし、カシナガの穿入木では、二次代謝物質と接した部位ではナラ菌の成長阻害は多少あるかもしれないが、顕著な影響はなく、ナラ菌の分布は拡大する。樹木の防御反応はナラ菌の分布拡大に伴って辺材の各所でおこるが、防御はすべて失敗に終わり、ナラ菌は辺材全体への分布に成功するのである。

樹種や個体により変色部の色の濃さが異なるのは、感染に対して生産される物質の種類や量が異なるためと考えられる。また、急激に枯死して防御反応の途中で細胞が死んだ場合には、二次代謝物質が少なく、変色が淡いことがある。

4　樹液の流動停止と枯死

健康な樹木の樹液流動とは

土壌中の水は根毛から吸収され、根の維管束のなかの通道要素に入り、それから地上部の樹幹内部を上昇する。一部は細胞の形成や成長に利用された後、葉の維管束を経て気孔から水蒸気として大気に放出される（図4-3）。水（木部樹液）が樹幹内を上昇して数十mもの高さにまで移動できるのは、葉からの水分蒸発（蒸散）によって通道要素（ブナ科樹木では主に道管）の中の水に非常に強い引っ張りの力（テンション）が働くからである（Zimmermann 1983）。道管の中を満たした水は、樹木の先端から根の先端までつながった1本のストローの中の水と同じであると考えると、上の方から吸えば（引っ張る力がはたらけば）、水は上がっていくわけである。水には分子同士が引き合う力（凝集力）があるので、上下に長くつながった水の柱は、少々引っ張る力が強くてもちぎれてしまうことはない。しかしその力があまりにも強い場合は一時的に水柱が切れて水の流れが止まる。一時的な水切れでは、降雨などで水流がまた回復する。また、広葉樹の場合は、葉からの引っ張りの力だけでなく、根圧により水を押し上げる力も働く（ヘチマ水が出るのと同様）と考えられている。

直径の大きな道管は水を大量に運べる代わりに水流がとぎれやすくて、通道機能を早く失うことが多く、小径の道管の方が長く機能する。また、一般に樹幹の内側より外側の新しい年輪の方が通道能力が高いと推測されている。環孔材では、大径道管にチロースという風船状のものが形成されるが（口絵・図22、口絵・図23）、これが通道を止めたのではなく、道管内から水がなくなった後でできたものである。防御反応による変色や心材形成の際には、柔細胞の壊死と同時に、小道管や仮道管の通道機能が完全に停止する。

菌の感染で樹液流が停止するメカニズム

菌や傷害に対する防御反応で生成した二次代謝物質が道管内に放出されて蓄積されると、道管は目詰まりを起こした状態になり樹液は流れなくなる。また、テルペンのような疎水性（水となじまない性質）の物質が道管の内壁に付着すると、樹液流の妨げとなる（図４-１、口絵・図23）（黒田　２００３、２００７）。１本の道管の長さは数十㎝以上あると推測されているが、カシナガの孔道形成によって、そのあちこちに穴が空いた状態となれば、それだけで樹液流動が止まる部位もあるだろう。樹幹断面の肉眼で褐色に見える部分（心材と辺材の変色部をあわせた部分、口絵・図8、口絵・図21参照）とその周辺では、樹液の上昇は完全に停止するため、感染木では、梅雨明け後の蒸散の活発な時期に（7月下旬ごろから）、梢端部への水分供給が急激に低下していく。

樹液の流動がどの程度妨げられているのか、色素液を吸入させて調べる方法がある。晴天の日に、樹幹下部に心材近くまで十分な深さにドリルで穴を開け、酸性フクシン水溶液を点滴方式で4〜6時間吸わせる（黒田　1996）。その後伐倒し、吸収した液の量および、樹幹横断面で染色された範囲から、樹液流動の状態について推測する。被害程度の異なるコナラに色素を吸わせた場合の吸入量と辺材変色割合を口絵・図24に示す。快晴の7月22日と、やや曇天の8月1日に、各5個体ずつ色素液注入を行い、伐倒後、辺材の未変色部分の割合を横断面で計測した。

口絵・図24のグラフのA〜Cは供試木A〜Cに対応する。供試木Aはカシナガの穿入なし、BとCは穿入木で、色素液の吸入時には生存していた。Cは濃い変色部の周囲に、新しく形成された孔道にそって変色が進行中（淡色）であり、その部位も含めた変色範囲は供試木Bより広い。グラフからは、変色が広がった（横軸の値が小さい）個体で色素吸入量が少ないことがわかる。図4-2でも、萎凋している個体の樹幹下部では変色部の断面積が著しく広いこと、変色のある個体では色素吸入が少ないことが読み取れる。コナラやミズナラの枯死木では、未変色部位が辺材の10%程度以下に減少していることが確認されている。樹幹の地際から上部まで全てが変色している必要はなく、どこか一か所でも辺材横断面全体に変色が広がっていれば、そこで樹液の流動がとまり、その個体は水不足で枯死する。

5　カシノナガキクイムシ穿入木に見られる特徴

カシナガ穿入後に生き残る個体の特徴

カシナガが穿入し、病原菌が感染した個体でも、中には枯死しないで生き残るものがあり、枯死木と同様に処理すべきかどうか迷うことがあるだろう（第6章参照）。枯れない理由としてどのようなことが考えられるのか、あげてみたい。

カシナガが穿入した場合に最も枯れやすいのはミズナラで、次いでコナラと推測されており、常緑の種（カシ類・シイ類・ウバメガシなど）は生き残る例がやや多い。このように樹種によって枯れやすさが違うことから、この病気に対する感受性について議論されることが増えた。この際に注意したいことは、「枯れにくい樹種では菌の働きに対して耐性がある」という先入観を、ちょっと脇に置いてみることである。萎凋病の場合は、それよりも、乾燥に対する耐性(水不足に対する耐性)が「枯れにくさ」を決める重要な要因であることに意識を向けて欲しい。もう一つ、カシナガが孔道を掘る場合に、樹種により同心円状(年輪に沿って掘る)であったり、直径方向であったりすることが知られているが、その孔道の分布が辺材の変色の大きさに影響して、通道停止の範囲の広がり方に差が出ることがある。

コナラ亜属のミズナラが枯れやすい理由としては、環孔材で大径の道管が機能しなくなると、水分欠乏に陥りやすいこと、乾燥に対する耐性が特に低いこと(水不足に対する耐性が低い)、葉が薄く萎れやすい(萎れると、水を引きあげることができない)ことなど、いくつか考えられる。また、アカガシ亜属のカシ類が枯れにくい理由の一つとして、環孔材ではないので、大径道管の機能停止の影響が大きくないことがあげられる(図4-5)。一方、環孔材を持つコナラ亜属でも、常緑のウバメガシは、厚い葉からの水の放出が少なく、水分供給が減っても極度の水不足に陥りにくいのだろう。シイ・カシ類、マテバシイも含めて、常緑の葉は乾燥の影響を受けにくいことを理解しておく必要がある。コナラやミズナラでは、通道可能な未変色部が辺材横断面積の10％以下では確実に枯死するというデータが得られているが、今後は、シイ・カシ類についても、詳細な調査が必要である。

カシナガに穿入されても枯れなかった個体では、翌年春に形成層（図4-4）が活動して、新しい年輪が形成されるが、変色部の通道機能を失った道管では樹液流は回復しないため、夏期の渇水時には梢端への水分供給量はかなり減少する。枯れ残った穿入木に、翌年カシナガが加害することは少ないと言われているが、水分の供給不足のために枝枯れが増えることは予測される。被害多発地では、枯れ枝のあるナラ類をよく見かけるが、過去にカシナガの穿入を受けて生き残った個体であることが多い。

カシナガの集中加害の効果

ナラ枯れだけでなく、糸状菌（カビ）を病原体とする萎凋病では、媒介昆虫の加害数が多い場合、つまり病原体の感染箇所が多い場合は枯死するが（口絵・図21）、1～数箇所感染しただけでは枯死することはない。媒介昆虫の集中加害が発病・枯死に重要な役割を果たしていることが多い。ナラ菌のように昆虫の孔道を利用する例でも、孔道が疎《まば》らにしかない場合には、菌糸は分布範囲を広げることができない。つまり、感染箇所が少ない場合には、極度の水不足を起こして枯死させるほどの影響を与えることはできないのである。マツ材線虫病の場合は、感染した病原体（マツノザイセンチュウ）が菌ではなく、自力で樹幹内を移動できるので、感染箇所が少なくても発病・枯死するが、感染箇所が多い方が枯れやすい（黒田　２００３）。

ナラ枯れの場合、菌の接種実験では、1〜2点、あるいはまばらに接種すると枯死しないことが多い（口絵・図25）。また、樹皮のみを剝《は》いで菌を植え付ける方法でも枯らすことは難しい。しかし、接種間隔を密にすると枯死させることができる。接種で枯死した個体を解剖すると、横断面全体に変色が拡大しているが、枯死しなかった個体では、変色が辺材横断面の一部にしか起こっていない。

カシナガ穿入木からの樹液漏出

カシナガの孔道の開口部から樹液がしみ出し、樹幹表面を流れていることがある。この液は、樹木が積極的に分泌しているのではなく、根から吸い上げられた水（木部樹液）が孔道を伝って溢《あふ》れだしたものである。蒸散による水の引き上げが強ければ、このような現象は起こらない。少数のカシナガの穿入があり、部分的に樹液流動が悪くなった結果、樹液の一部の行き場がなくなって、ヘチマ水のように流出したと考えられる。この樹液は褐色を示すため、樹木が防御反応によって褐色の樹液を分泌していると誤解されることがある。しかしこれは、変色部の二次代謝物質が木部樹液に溶け込んだことによる着色であり、褐色の樹液が生産されたのではない。

樹液の漏出は老齢の大径木ではほとんどなく、比較的若い樹木に多く観察される。健全な若齢木では水の吸い上げが良い傾向があるが、大径木では、水の入っていない道管の割合が高く、木部の含水率は低めの場合が多い。ナラ菌は水浸しの状態では成長しにくいことが観察されており、木部含水率が高すぎないほうが、ナラ菌の生息に適しているのであろうと推測される。カシナガの繁殖には、このような材内の水分量の影響もあるものと考えられる。

萌芽は生き残れるのか

通道停止はカシナガの孔道形成が最も密な樹幹下部で起こるので、樹木の上部で葉がかなり枯れていても、根はまだ生きていることがある（口絵・図21の場合）。根株の部分では組織内の水分が樹冠の枯死後もしばらく保たれる傾向があり、地際部からの萌芽はよく見られる。樹木が枯死した後もこの萌芽が生き残るという観察例はあるが、枯れることが多い。また、たとえ生き残ったとしても、高齢の大径木の場合は、萌芽がそのまま成長できる可能性が低いため、ナラ枯れ被害林でナラ類の萌芽林再生を期待することはできない。ナラ枯れ後の里山を回復させるには、植栽などの人為的な作業が必要であろう。

参考文献

Hijii, N., H. Kajimura, et al. (1991) The mass mortality of oak trees induced by *Platypus quercivorus* (Murayama) and *Platypus calamus* Blandford (Coleoptera: Platypodidae) —The density and spatial distribution of attack by the beetles—. J. Forest Research 73：471-476

Hillis, W.E. (1987) Heartwood and tree exudates. 268pp., Springer-Verlag, Berlin

黒田慶子（１９９６）コナラ・ミズナラの集団枯損にみられる木部変色と通水阻害、平成7年度森林総合研究所関西支所年報37：32

黒田慶子（１９９９）樹木医学、２・２樹木の構造と機能（鈴木和夫編）、朝倉書店57－82

Kuroda, K. (2001) Responses of *Quercus* sapwood to infection with the pathogenic fungus of a new wilt disease vectored by the ambrosia beetle *Platypus quercivorus*. J. Wood Science 47：425-429

黒田慶子（２００２）ナラ類の集団枯損機構の解明－*Raffaelea* 属菌感染に対する樹幹組織の生理

的反応―、森林総合研究所所報11：8―9
黒田慶子（2003）マツ樹幹内で起きていること―マツ材線虫病の発病機構と抵抗性に関する研究より―、森林防疫52：19―26
黒田慶子（2004）森林保護学、3・1・1　樹木の構造と機能を測る（鈴木和夫編著）、朝倉書店86―94
黒田慶子（2007）樹木医学講座2：木部樹液の動きと樹木の健康、樹木医学研究11：83―88
黒田慶子・山田利博（1996）ナラ類の集団枯損にみられる辺材の変色と通水機能の低下、日本林学会誌78：84―88
農林水産技術会議事務局編（2002）ナラ類の集団枯損機構の解明と枯損防止技術の開発、研究成果400、90pp　農林水産技術会議事務局
佐伯浩（1982）走査電子顕微鏡図説　木材の構造、218pp　日本林業技術協会
柴田直明・原田浩・佐伯浩（1981）コナラにおける傷害チロースの発達と構造（第1報）傷害の時期と傷害チロースの発達、木材学会誌27：618―625
島地謙・伊東隆夫（1982）図説木材組織、176pp　地球社
島地謙・原田浩・須藤彰司（1976）木材の組織、291pp　森北出版
Zimmermann, M.H. (1983) Xylem structure and the ascent of sap. 143pp., Springer-Verlag,

Berlin

第5章

変容する里山林

—ナラ枯れの舞台—

大住克博

ナラ類の集団枯損は、里山林が放置されてコナラ類が大径化することで促進されている可能性が示唆されている(第2〜4章)。では、その舞台である里山林とは、そもそもどのようなものだったのか、それが現在どう変わりつつあるのだろうか。

1 「里山」および「里山林」

里山という言葉自体は、すでに江戸期の使用例が知られているが、本来は奥山に対する言葉として、入山や背戸山などと同様に、単に集落からの距離感を表すために使われていたものと考えられる。しかし、現在、森林管理や地域環境の問題として議論されている「里山」の概念は、昭和後期にその管理や利用が消失するまでは薪山や、柴山、あるいはマツ山であると認識されてきたものが、個別の用途がなくなったことによってひとくくりにされてできたものといってもよい。

「里山」は、学術的、技術的、あるいは政策的な用語として、統一的な定義がなされて使用されてきたわけではない。一般的には、アカマツやコナラなどが優占する二次林植生を指すことが多く、行政文書では、集落からの距離や標高によって規定されていることもある。さらに近年では、生活の背景としての景色や、レクリェーションや健康増進の場としての意味合いで使われることもある。

このように、里山には多様な概念が入り混じっているが、里山が人と自然の関わり合いのもとに形成されてきたという、その仕組みや過程を重視して定義することが、里山管理が抱える問題を理解する上で最も適切であろう。ここでは、「日常生活および自給的な農業や伝統的な産業のため、地域住民が入り込み、資源として利用し、攪乱《かくらん》することで維持されてきた、森林を中心にしたランドスケープ」という定義（大住・深町　２００１）を採用したい。これは、里山を森林・竹林のみでなく、農地なども含めたランドスケープ（集落、田圃《たんぼ》、森林など異質の土地利用、植生の集合で、視覚的に一体となった地域のまとまり）として捉える考え方（田端編　１９９７、守山１９９７）に従っている。その理由は、里山は地域の農村との関わりの中で成立するものであり、生息する生物も、その一生の間に、森林と農耕地の双方を利用する例が、多く見られるからである。

したがって、「里山林」は、里山の中の森林の部分として考える。人工林については流域単位でまとまって存在するものは含めないが、ランドスケープとしてのまとまりを考えれば、小面積で斑《まだら》状に介在するものは含めるべきであろう。

2 里山林の広がりと種類

里山林がどこにどのぐらい分布するかは、定義により異なる。林野庁（1978）の「里山地域開発保全計画調査」によれば、民有林および地域社会の共用を認めている国有林の中で、薪炭生産目的に利用される若齢広葉樹林は約620万haであり、これは国土の2割弱にあたる。また、林業センサス（林野庁 2000）によれば、国土の65％を占める森林のうち、60年生以下の広葉樹林とマツ林はその3分の1で、これは国土の4分の1にあたる。実際の里山林の面積は、これらの数値から、人里はなれた地域に分布するものを除かなければならない一方で、これらの二次林に介在する小面積の人工林を、含めて考えるべきだろう。

環境省（2002）は「日本の里地里山の調査・分析について（中間報告）」において、里地里山とは、都市域と原生的自然との中間に位置し、様々な人間の働きかけを通じて環境が形成されてきた地域であり、集落をとりまく二次林と、それらと混在する農地、ため池、草原等で構成される地域概念とした上で、二次林約800万ha、農地等約700万haと推計している。二次林だけを取り上げれば国土の2割強である。

以上の推計から、定義は様々であれ、里山林と呼ばれる森林は、国土の2割以上の広大な面積を占めているものと考えられるだろう。このような里山林の分布は、必ずしも全国一様ではなく、地域により偏在する。例えば細田（2001）は、近畿地方における里山的な性格が強い森林は、域内面積の17％であると推定し、その分布は近畿北部に集中し、逆に紀伊半島には少ないと報告している。近畿地方中・北部では奥山にあたる地域が少なく、水田農村が山地に介在するのに対して、急峻な紀伊半島では奥山が広く、しかもそれらの大半が針葉樹人工林化されているためであるという。

里山林としてくくられる森林には、多様な二次林が含まれている。地域による気候や土壌の違いのほかに、火入れや伐採方法など人の関与の違いが、そこに更新する樹種を選択し、様々に異なった二次林を成立させてきたものと考えられる。

環境省（2002）の集計では、里山林の林相は、北日本に多いミズナラ林（180万ha）、コナラ林（230万ha）、西日本に多いアカマツ林（230万ha）、南日本に多いシイ・カシ萌芽林（80万ha）に大きく分けられている。西南日本では、さらにモウソウチクやマダケの竹林が加わる。

このうち、現在のナラ枯れ大発生の舞台となっているミズナラ林とコナラ林は、面積や普遍性という点で、最も代表的な里山林といってよい。

3　里山を代表するコナラ林

ここではコナラ林を取り上げて、その形成について解説したい。ミズナラ林やシイ・カシ林など、アカマツ林以外の主要な里山林も、同じブナ科のいわゆるドングリの木であり、シイ・カシ類の稚樹の耐陰性が比較的高いことを除けば、コナラ林と類似した経緯をたどってきたと考えてよいだろう。

里山のコナラ林は、どのように形成されてきたのだろうか？　その起源によりいくつかのタイプに分けられそうである。まず挙げられるのが薪炭林として形成されてきたものであろう。薪炭林では、15～30年間隔で地際から伐採するという管理が一般的であった。伐採後の森林の再生は、主に伐株からの萌芽更新により行われてきた。コナラは萌芽力が旺盛で、発生した萌芽幹は初期の伸長成長が早く、他の植生との競争に強い。加えて、コナラには繁殖早熟性が強いという特徴がある。成長して種子生産を開始するまでに必要な年数が高木種としては極めて短く、特に萌芽幹では発生の翌年から着果することも多い。このことは、薪炭林のように、短伐期のために幹の寿命が短いところでも、コナラが種子更新することを可能にしているだろう。これらの特性により、薪炭林管理における伐採の繰り返しの中で、コナラは他の高木種よりも有利に更新し、優占度を増しながらコナラ林を形成してきたものと考えられる（口絵・図28）。

もう一つのタイプのコナラ林は、以前はやはり里山を代表する植生であったアカマツ林がマツ枯れで消滅した後に、あらかじめ下層に進入していたコナラ稚幼樹が成長して成立したものである。かつての里山利用されていた時代のアカマツ林では、林内の低木は柴として利用され、林床は明るく保たれていることが常であった。そのような条件下では、林内でもコナラの実生がよく発生し、萌芽することで柴刈りにも耐えて、多数の個体が生存していたのである。西日本では１８７０年代以降、マツ枯れの大発生と共に、アカマツ林からコナラの多い広葉樹林への転換が大規模に発生している（口絵・図26）。

他にも、コナラは放牧地や茅場（かやば）などの採草地に進入し、それらの利用が放棄された後、成林する例が知られている。

4　里山コナラ林の変容

20世紀に入り、里山林を利用して維持してきた、自給的な農業や伝統的な産業の衰退が始まる。森林から採取してきた緑肥は、すでに戦前から化学肥料への転換が始まっている。1950年代に入ると、一般家庭のエネルギー源も石油やガスなどの化石燃料へと急激に切り替わり、需要が衰退して里山からの薪炭の供給は激減していく（図5-1）。そして、その後、伝統的なスタイルに近い里山林利用は、シイタケほだ木生産やパルプ用材林として、一部でのみ存続していくことになる。

このような利用の停止は、里山林生態系を形成し維持してきた撹乱が、消失してしまったことを意味する。元来、里山林の植生は、火入れや周期的な伐採など、人の利用による撹乱でそこに生育する樹種が選択され、また、遷移の進行や林分の成長がある段階で抑制されることで、維持されてきたものである。したがって、その撹乱が無くなった現在、里山林の植生や生態系は急速に変化している。主な変化は、遷移の進行と高蓄積化である。

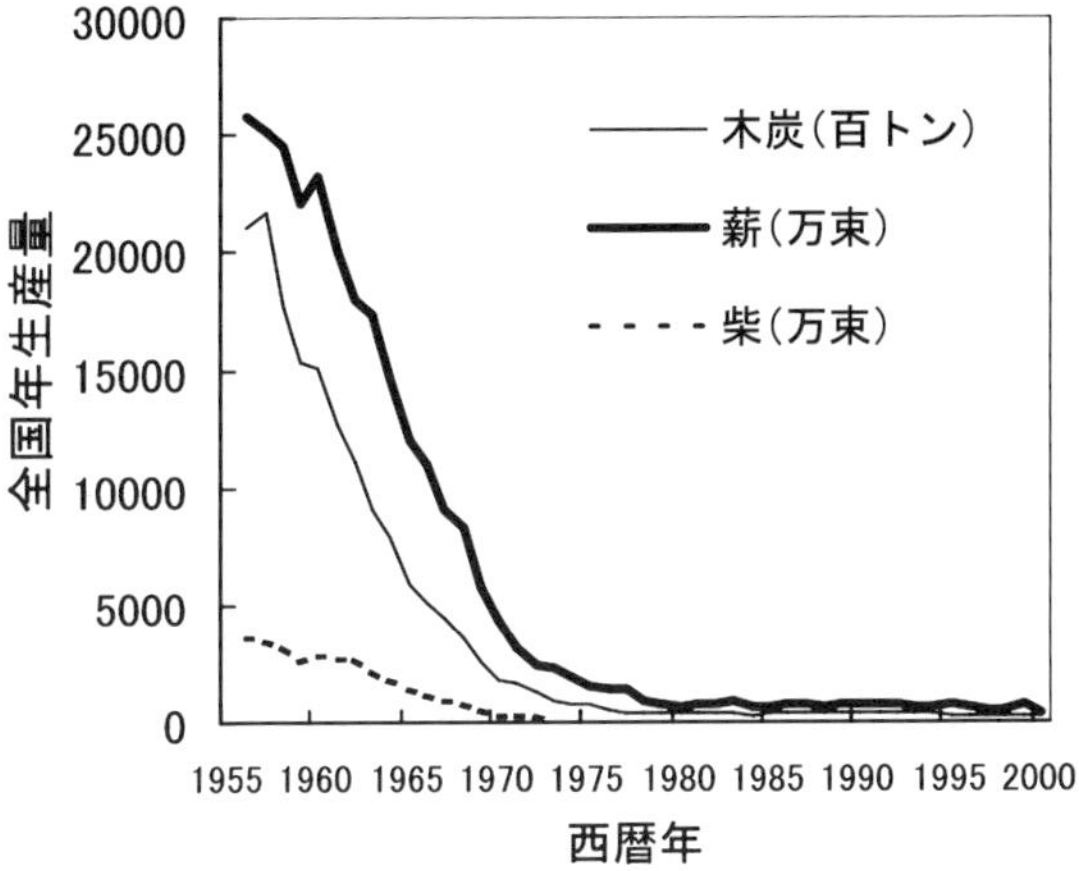

図５－１　木質燃料生産の推移

薪炭林を代表するコナラ林も、マツ枯れ後に成立したコナラの多い広葉樹林も、１９５０～60年代以降、一斉に放置されたことにより、変化し始めたのである。その変化の仕組みを考えるために、そもそもコナラ林がどのように維持されてきたのか、薪炭林由来の場合を例に、もう一度振り返ってみよう。

薪炭林としてのコナラ林は、短い間隔で繰り返し伐採されることにより、林分としての発達が、二つの意味で抑えられていた。まず挙げられるのが、植生遷移の抑制である。日本国内では通常、コナラは極相林を形成しない。西日本の暖温帯地域においては、コナラ林は植生遷移に伴い、より耐陰性の強い常緑のカシ類やシイなどの林に移行していく。実際に暖温帯域にお

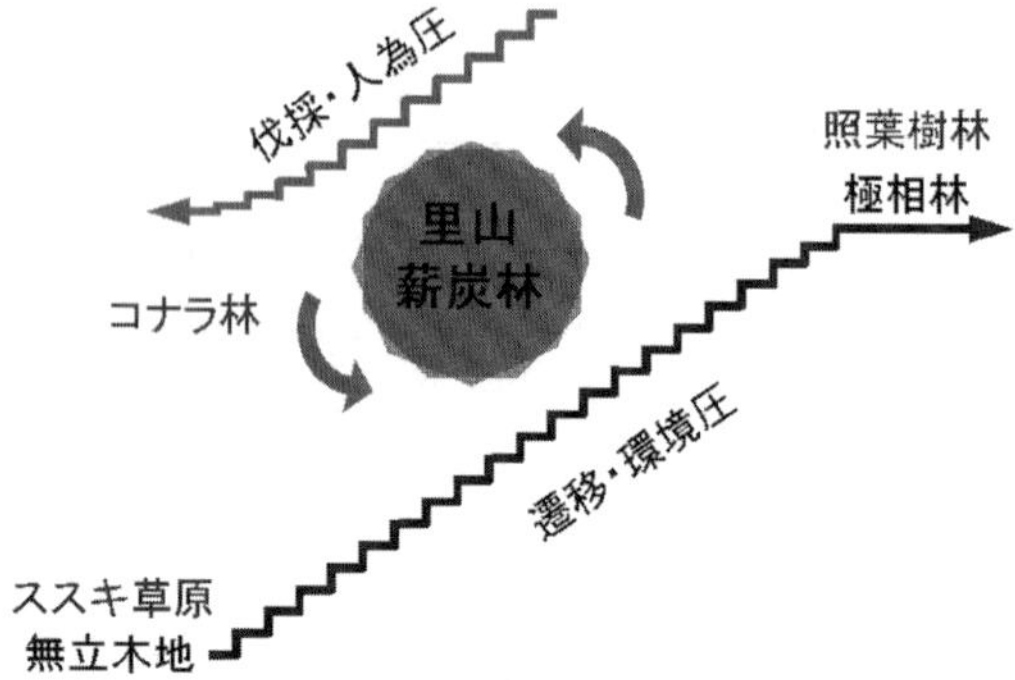

図５－２　人の利用は里山林の植生遷移を一定の段階に押し留める

いては、コナラ林の下層にアラカシやシイなどの常緑樹が進入する様子が、極めて一般的に観察できる。しかし、短い間隔で繰り返し伐採されるために、常緑樹がコナラに取って代わる前に遷移はリセットされてしまい、常緑樹よりも初期成長が早いコナラが常に優占し続けるのである（図5-2）。

薪炭林管理による林分発達抑制のもう一つの意味は、林分の高齢化の制限である（図5-3）。一般に15～30年間隔で伐採されるため、これらの薪炭林のコナラ林は常に直径は細く、樹高も低く留まっていた（口絵・図30）。薪炭林に対する「低林」という用語が、それをよく言い表している。

しかし１９６０年代以降、里山のコナラ林は、放置と共に急速に林分構造を変化させていった。下層には常緑樹が侵入しつつある(図5-4)。そしてコナラ林は

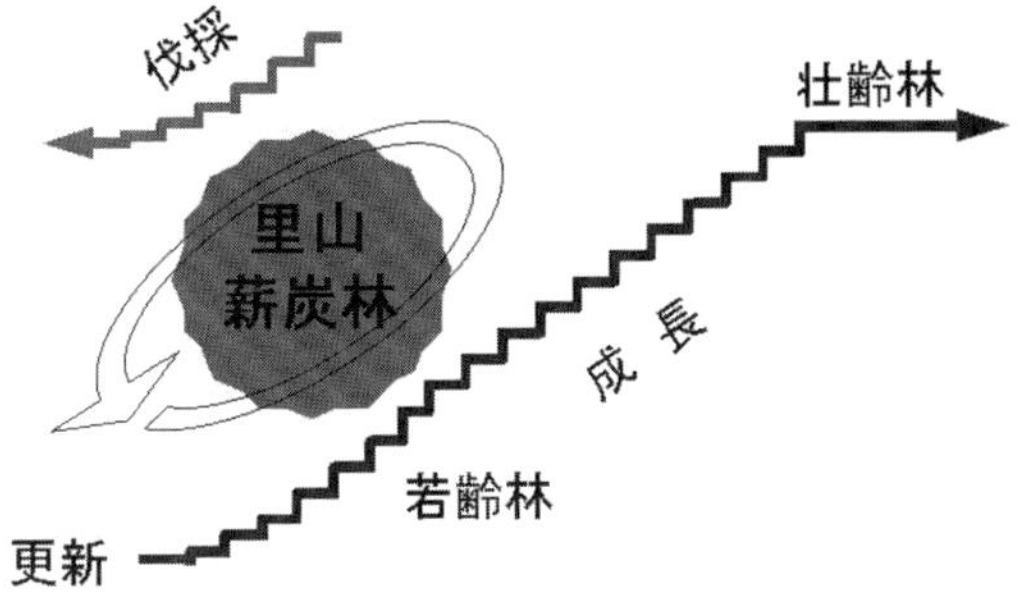

図５－３　人の利用は里山林の成長を一定の段階までに制限する

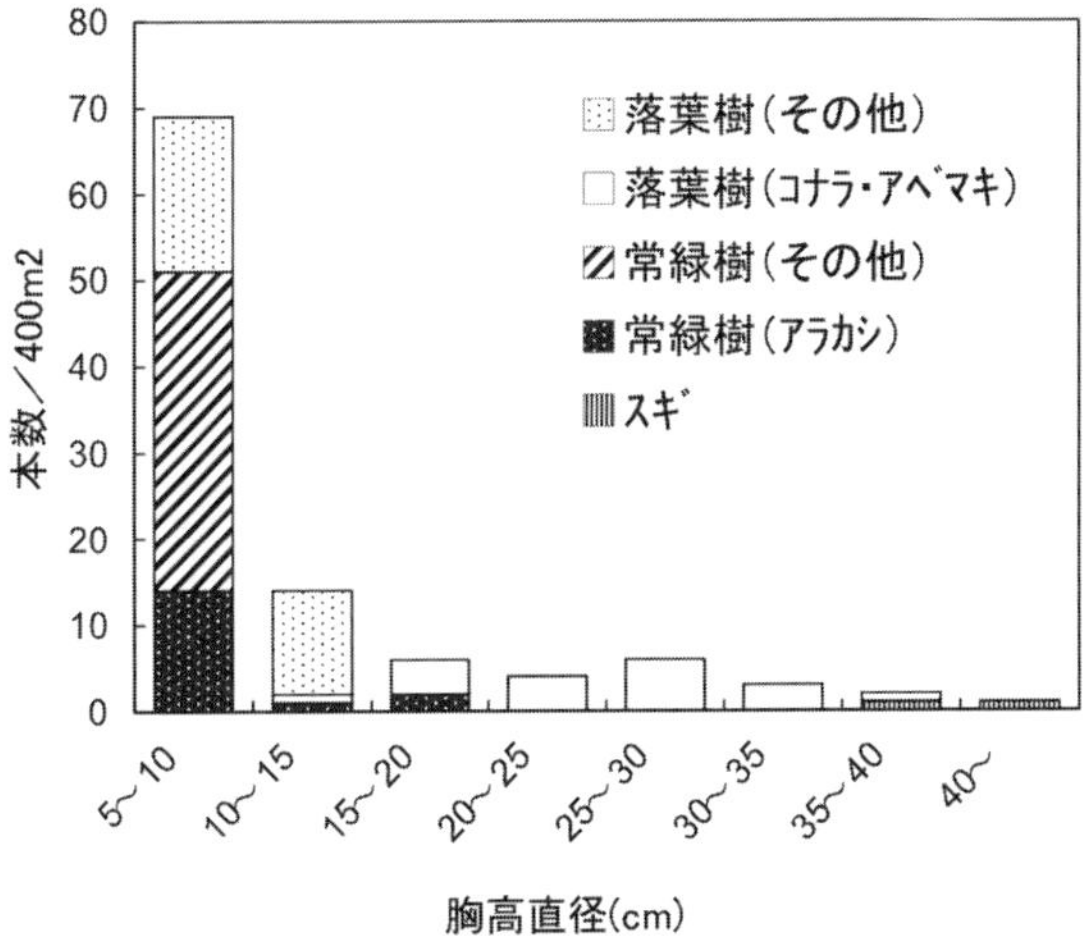

図５－４　下層に常緑樹が侵入したコナラ林の構造

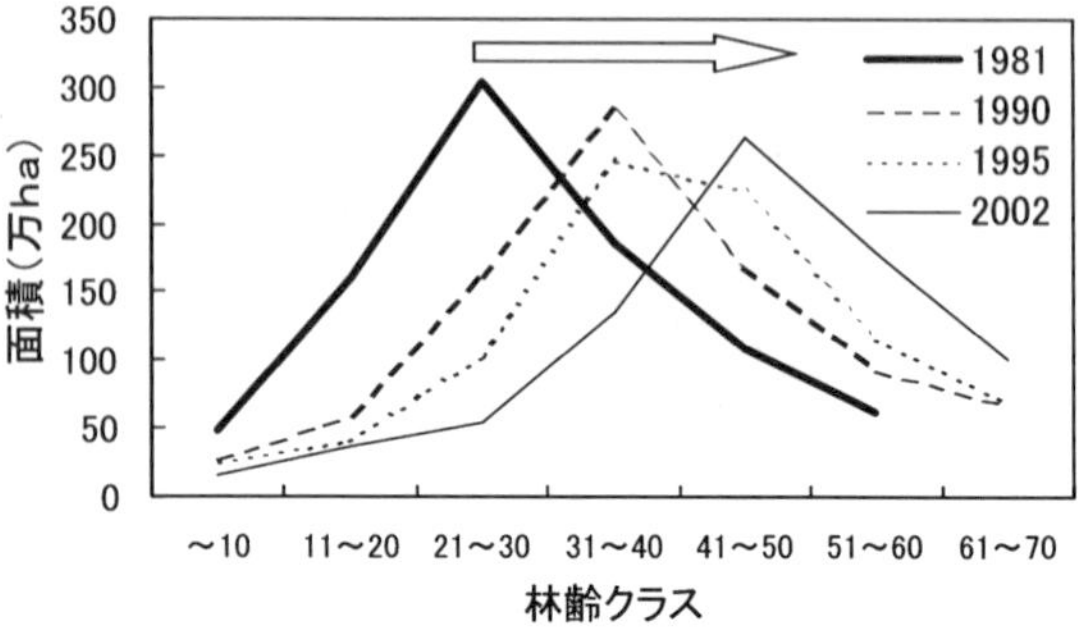

図５－５　全国の若齢天然林の齢級別面積の推移（林業統計書より作図）

この数値の主体は旧薪炭林などの里山林と考えられる。昭和30年前後の伐採と更新を最後に利用されなくなった里山林団塊世代のピークが、調査年次とともに高齢林化しつつある。

高齢化し、２００７年現在、里山コナラ林の林齢の中心は40～60年生に達し、それぞれのコナラ個体も大径木化しつつある（図5-5、5-6）。

里山のコナラ林は、現在においても、どこでも当たり前に見られる風景である。しかし、このような大径化し高林化したコナラ林は、過去の利用管理されていた時代の姿とは大きく異なるものであり、そのようなコナラ林が一面に広がるという状況は、実は、かつての里山には無かったことであろう。

5　今後、里山コナラ林をどう管理するか？

里山の管理を復活させるための施業技術は、

図5－6　放置され高林化したコナラ林（滋賀県大津市志賀）

表5－1　里山林に対する人為撹乱

植生の破壊を伴うもの	植生の破壊を伴なわないもの
火入れ	落ち葉掻き
用材伐採	薪拾い
薪炭伐採	
柴刈り	
山菜・木の実採取	

確立されているのであろうか？　伝統的な里山利用で行われてきた撹乱は、表5-1のように整理できるだろう。これらは頻度や強度の違う伐採や地表の撹乱と考えることができる。したがって、復活させるとしても技術的に困難なものではない。また、植栽や萌芽更新による低林管理体系については、薪炭林やシイタケのホダ木生産林の施業技術として、過去にかなりの情報が蓄積されている(例えば、亀山編　1996)。

しかし、いったん放置され高林化した場合の管理技術については、不明な点が残されている。コナラは若齢のうちは旺盛に萌芽更新を行うが、個体の加齢や成長に伴い、萌芽能力が大きく減退する。また、コナラ属は、閉鎖した林内では実生はほとんど定着しない。したがって、現在の大径化し高林化した里山林は、簡単にはコナラ属樹種の優占する森林として更新できない可能性が高い。

さらに問題となるのは、何らかの管理手法が開発されたとして、それを誰が実行するのか、そのための労力と何がしかの資金をどう調達

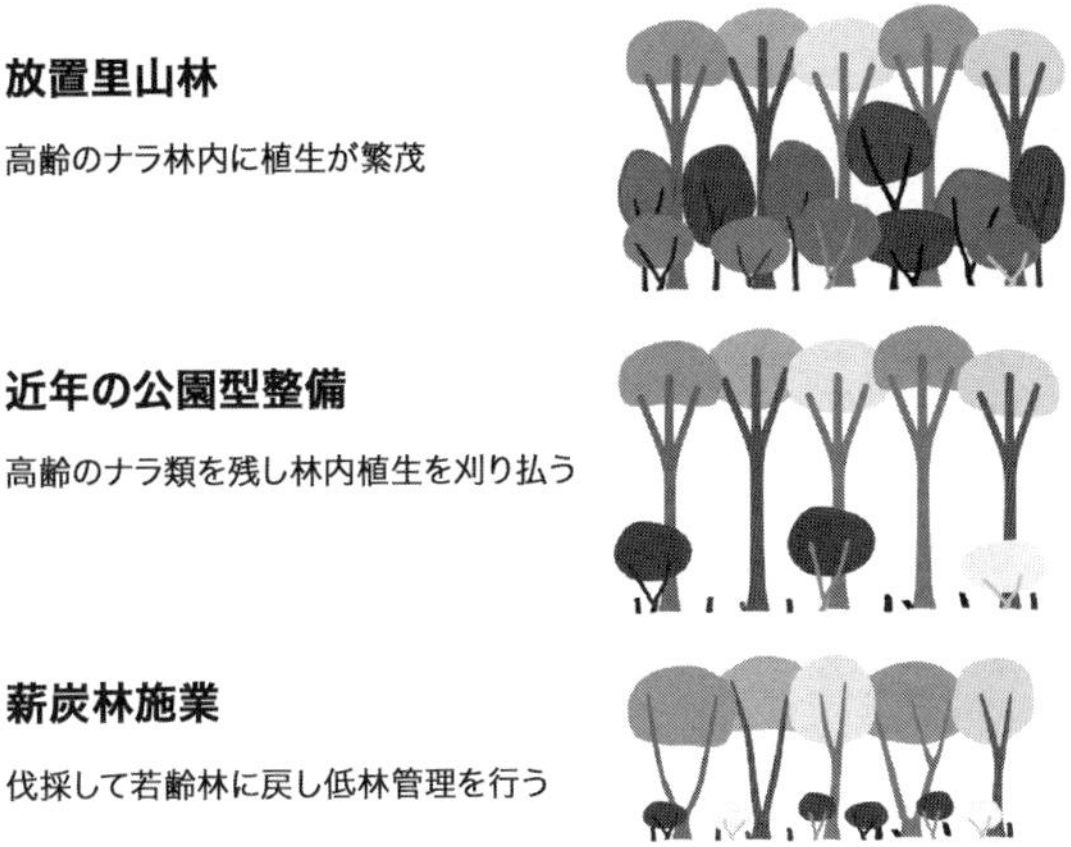
放置里山林
高齢のナラ林内に植生が繁茂
近年の公園型整備
高齢のナラ類を残し林内植生を刈り払う
薪炭林施業
伐採して若齢林に戻し低林管理を行う

図５－７　コナラ林管理の選択肢

するのかということである。もちろんその場合、全国的に活動が拡大し技術力も経験も深まっている市民ボランティアやＮＰＯは、大きな力となるだろう。しかし、それでも国土の２割に及ぶ面積に対応することは困難だろう。

そのような障害の克服が未解決であるということを含んだ上で、ここではいくつかの選択肢を点検しておきたい（図5-7）。

まず、放置するという選択は、生物多様性の低下を引き起こす可能性が大きい。さらに、放置に伴う大径化が、ナラ枯れを誘発、あるいは促進しているとすれば、それは極力避けねばならないだろう。もちろん現実には、経済的な理由により放置とならざるを得ない里山コナラ林が多いことだろう。しかし、放置後、生態系として大きく変化し、不安定となる可能性が強いので、放置せざるを得ないとしても定期的なモニタリングが必要である。

次の選択肢としては、公園型整備などでよく行われる、上層の落葉広葉樹を残し、中下層の常緑樹やササを除去するという管理方法がある。これは、大きな上木の伐採に比べて容易かつ安全であるため、市民活動などでも導入しやすい。また、林床の明るさが改善されるので、里山の生物多様性の保全や、野外活動による空間利用にも好適である。しかし、この方法では、放置と同様に大径木が残ることなどから、やはりナラ枯れに対する危険性は排除できない。

ナラ枯れを避けるためには、もう一度萌芽更新により若い小径木から構成される低林に戻していくのが良いのだろう。ところが、これにも問題がある。前記のように放置されて高齢化、大径化したコナラ個体は、すでに萌芽能力が低下しているために、うまく更新しない場合が多いからだ。では種子更新はどうかというと、種子や実生に対するノネズミやシカ・イノシシによる食害、実生と他の下層植生との厳しい競争などにより、これもどこでも確実に成功するわけではない。放置され高林化した里山のコナラ林を今後も維持していくためには、新たな、より確実性のある更新方法の開発が必要なのである。

このように、ナラ枯れを避けるためにコナラ林を若い林に更新することが有効であるとしても、伝統的な萌芽更新が使えない場合、その他に確実な更新方法を見出しにくいことが問題である。したがって今後、更新を目的に伐採した場合、次世代の生育状況を定期的に調査し、不十分な場合は植栽などの救済策を講じることが必要である。

もちろん、管理のために何らかの作業を行うとしても、現代社会では経済的な困難さが付きまとうだろう。したがって、管理のための伐採が経済的価値も生むような、資源としての利用を考えていく必要があるだろう。欧州では、二次林の樹木から生産した薪やチップ、ペレットを熱源として利用することが軌道に乗っている国もある。「地球環境保全」という視点からも、エネルギーとしての利用推進は望ましい。里山の老齢ナラ林を増やさないために、薪炭林施業を再構築できるのか、今後いろいろな方向からの議論が必要であろう。

6　里山を管理・保全する根拠

本章の終わりに、なぜ、あるいは何のために里山を保全するのか、または保全しなければならないのだろうかということについて、少し整理をしておきたい。里山が水土保全から景観維持まで、多くの機能を発揮することに対する社会の期待は大きい。このことは、里山を管理・保全するための重要な動機付けとなる。里山の場合、一般の森林管理に比べて水土保全機能などのような物質的なものだけでなく、風景や野外活動などの場としての文化的な価値が、一層大きく位置づけられることが特徴だろう。

里山は近世から近代における過度の利用による荒廃から、ようやく回復しつつあるのであり、自然の推移に任せるべきであるという主張も根強い。しかし里山においては、人の利用による撹乱が一定期間、場所によっては数百年以上の長期間にわたって持続的に行われてきたため、もはやその地域の生態系の枠組みの一部となっているという指摘（田端 1997）も考慮すべきだろう。里山には氷期に南下してきた独特の生物多様性が温存されてきたが、それらが利用停止と共に急速に失われつつあることが指摘されている（守山 1988、石井ほか 1993）。実際、環境省（2002）の報告書でも、レッドデータブックに掲載された動物の絶滅危惧種が5種以上生息する地域の49%が、同様に植物では、絶滅危惧種が5種以上生育する地域の55%が、里地里山の範囲に分布することが示されている。

以上のような議論に加えて、本書では、ナラ枯れにみられるように、放置された里山が、生態系として必ずしも安定的ではないという、新たなリスクが指摘された。その指摘が当たっているとすれば、里山および里山林を健全に維持していくためには、やはり、何らかの保全的管理を行う必要性があると考えるべきだろう。

参考文献

石井実・植田邦彦・重松敏則（１９９３）里山の自然を守る、築地書館
大住克博・深町加津枝（２００１）里山を考えるためのメモ、林業技術７０７：12―15
亀山章編（１９９６）雑木林の植生管理、ソフトサイエンス社
環境省（２００２）日本の里地里山の調査・分析について（中間報告）
田端英雄編（１９９７）里山の自然、保育社
細田和男（２００１）現存植生図に見る近畿地方の二次林の特徴、森林総合研究所関西支所年報43：36
守山弘（１９８８）自然を守るとはどういうことか、農山漁村文化協会
守山弘（１９９７）むらの自然をいかす、岩波書店
林野庁（１９７８）里山地域開発保全計画調査
林野庁(２０００)林業センサス累年統計書、http://www.maff.go.jp/census/past/stats_r.html

第6章

ナラ枯れ被害の把握と対策の進め方

斉藤正一・野崎愛

これまでナラ枯れ被害と正面から向き合ってきた府県や国有林の森林保護担当者は、この被害が想像以上に早いスピードで拡大する事を実感していると思う。一方で担当者は予算会議や新聞・テレビ等の取材で、「ナラ類の樹木が枯れていったい誰が困っているのか？」という問いに対して、窮することもあるのではないだろうか？

集団で枯死しているナラ類は、冷温帯から暖温帯の広い範囲で森林を支える樹種である。これらの樹種が森林から姿を消していけば、被害発生地域では森林の持続そのものが危うくなる。そうなると、林地保全機能や水源かん養機能の低下、また都市近郊における景観の悪化などが危惧される。

ナラ枯れが発生する背景は前章で述べられたとおりである。ナラ枯れの原因は菌の感染であることがわかったが、最近被害が増えている理由（誘因）についてもかなり説明がつくようになった。第一には、日常的に木炭や薪といった燃料や、肥料にするための落ち葉採取が行われて、萌芽更新で育成されてきた広葉樹林が戦後の燃料革命以降に放置され、人間の日常生活では顧みられなくなった事があげられる。

山形県での具体的な例を挙げると、初めてナラ枯れの被害が報告されたのは１９５９年で、日本海に面した鶴岡市（旧温海町）早田の里山地域であった（口絵・図3、口絵・図6）。当時、被害地周辺ではまだ燃料に薪や炭が使用されていた。ただしこの被害が発生した場所は、伐採を繰り返して利用してきた民有の萌芽林ではなく、これに隣接した国有林であった。当時の国有林の広葉樹林施業は一部の薪炭共有林などの慣行販売の森林以外では、用材収穫のための大径木生産を目指した育林形態であった。すなわち、民有林の広葉樹は小径の若い山、国有林の広葉樹は大径の壮老齢の山という構図であった。もし、民有林でナラ類の枯死が出たらすぐに伐採されて燃料になっていたに違いない。被害発生地区の住民は枯死木の払い下げを即座に国有林に申し出た。その結果、枯死木はすぐに伐採され燃料として利用された。当時は知らず知らずのうちに、病気の媒介者であるカシノナガキクイムシ（以下カシナガと略記）は、焼却という最高の駆除方法により殺虫されていたのである。1959年の同地区の被害は周辺の民有林の一部に飛び火しながら数年続いたが、やがて終息した。

当時の被害では、住民がナラ類の枯死木を次々に伐倒して完全に燃料として利用したことで、カシナガを殺虫することができ、結果として被害は終息に向かったことが容易に想像できる。このような例から考えても、里山の樹木が薪炭材などとして地域住民に活用されていけば、現在の被害も減少あるいは終息していく可能性は十分にある。当時の被害地で、被害発生当時に15～20年生であったコナラで、現在まで生き残った個体の樹幹内部には、被害発生当時に掘られたカシナガの孔道が残っており、穿入《せんにゅう》年を特定することができる（口絵・図6）。また、当時の被害林分周辺の民有林はその後放置されるようになり、ナラ類は成長し続け、45年を経たところで再び被害が発生してしまった（口絵・図3）。

現在では、被害が起こっている地域では、住民が里山の樹木を利用することはなく、足を運ぶことすらなくなっている。枯死木を燃料に利用しないばかりか、枯死木を伐倒すること自体に経費がかかり、枯死木が放置される事態に陥っている。このところが、被害が終息していた昔と、被害が終息しなくなった現在との大きな違いである。日本の山林には所有者がいて保全管理する事になっているが、萌芽更新して生育した森林は燃料革命以降はただ放置され、そこを中心に被害が発生している。また、奥地林の国有林も標高が高く、この病気で枯死しやすいミズナラが多く分布していることから、被害が発生しやすい。このことは、小林・上田（2005）で詳しく紹介されている。

林野庁は、こうした現状を踏まえて、2004（平成16）年にナラ枯れの原因となる菌を媒介するカシナガを森林病害虫等防除法における法定害虫と位置づけ、松くい虫（マツ材線虫病）におけるマツノマダラカミキリと同等の防除体制によって被害対策を進める態勢を整えた。

ナラ枯れ被害の防止あるいは軽減のためには、法定害虫に対する対策を立てて防除をしていく必要がある。防除の基本的な考え方は、短期的にはナラ枯れ被害の軽減や終息を目ざし、殺虫を基本とした防除を実施する事である。長期的には、被害が発生しにくい里山二次林の管理育成手法を整える事である。第6章では、主に前者のナラ枯れ被害の軽減や終息を図るための防除方法について解説する。そして第7章では、現在の被害への対応と、その周辺地域での警戒や被害の予防措置まで含めた対応策について述べる。

1　被害発生の把握から始める

ナラ枯れ被害の防除の第一歩は、どこで被害が発生しているか把握する事である。ナラ枯れ被害は急速に拡大するので、これに対応するには、初期被害の段階で完全駆除を目指す事が最も重要になる。そのためにはまず、どこに被害木があり、その被害木の近隣にはナラ類がどう分布しているかを把握することが大切で、これらを把握して初めて効率的な防除に踏み出す事が可能になる。

自治体の担当者による枯死木の位置の調査は、経費や調査人員の関係から、地上からの調査が一般的であるが、ナラ枯れ被害を的確に把握するために、自治体保有のヘリコプターで調査を行っている例もある。GPSによる位置情報とビデオカメラによる被害現場の映像を記録し、調査の労力軽減と発見精度をあげるのに役立っている。

また最近では、テレビや新聞でナラ枯れの報道が増えたこと、インターネットや雑誌などでもナラ枯れの情報が得られるようになったことから、一般住民の方々からの問い合わせや枯死木発生の連絡が増えてきている。自然保護団体やNPOで里山を中心に活動している団体の協力が得られる例も出てきた。連携はまだ発展途上であるが、今後のナラ枯れ対策においては重要なサポーターになると考えられる。

地上探索による被害位置の把握と情報の活用

(1) 調査時期と手順

枯死が始まるのは地域や年度により若干の違いはあるが7月上旬頃からで、10月頃まで枯死木が発生する場合がある。紅葉が始まるまでに調査を終える必要があるが、枯死木を把握しやすいのは枯れた葉の色が鮮やかで青々とした葉と見分けがつきやすい9月ごろである。東北から関西にかけては、8月末には枯死木の発生がほぼ落ち着くので、9月上~中旬が最適である。

実際に山形県で実施している方法を紹介したい。手順としては、まず国道・県道・地方道・林道などを走行して、遠望がきく少々小高い位置に立つ。5000分の1の森林施業図などを手にして、目の前に広がる山塊について、峰や谷を基準に位置を決めたら、枯死木の本数または被害のまとまりを直接森林施業図に記入していく(図6-1)。枯死木の位置の記入方法は、被害場所ごとに本数を極力正確に記入する場合と、メッシュ単位の枯死本数で記入する場合がある。メッシュ単位での記入は、調査人員や期間に余裕がないか枯死本数の概数を把握する場合に適している。場所ごとに枯死木の本数を数える場合には、どうしても個人によって数字に差が出る。また、「これでよいのかな」と調査員が迷った場合は思わぬ時間をとられることがある。このため、調査前に「現場ではこう見えたら1本。こんな場合を3本。こうしたまとまりは10本とカウントします。」というような打合せをしておくと効率的である（口絵・図31）。また、調査手順については、図6-2に示すようなマニュアルを作っておくと作業効率が良く、誤りが少なくなる。

(2)　調査の構成員

調査員は地元の役場、森林組合、出先の府県職員や国有林の職員といった複数であることが望ましい(表6-1)。車の走行経路や観察に最適な場所を熟知している地元の人や枯死木の位置

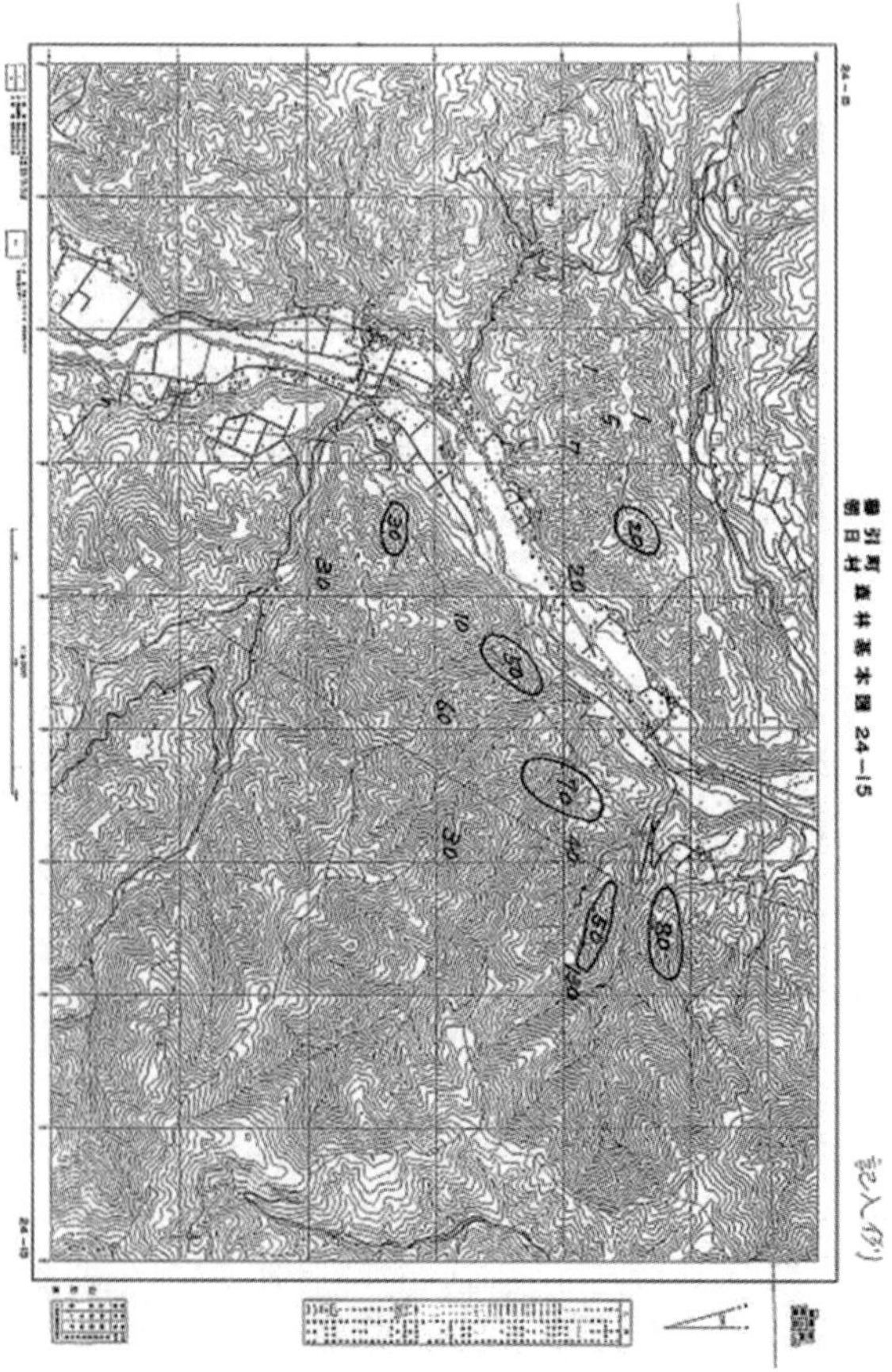

図６－１　被害本数を書き込む5000分の１の図面の記載例
（山形県庄内地域）

平成19年度秋季ナラ類集団枯損被害調査要領(案)

山形県庄内総合支庁森林整備課

1．目的　カシノナガキクイムシ及びナラ菌による、ナラ類集団枯損被害の状況を把握し、秋季防除対策の実施における基礎資料とする。

2．調査者
- 市町1名、森林組合1名、県1名を1パーティ1車両とし、班単位でそれぞれの区域の調査を行う
- 森林管理署との合同調査については、被害先端区域である酒田市八幡地区及び平田地区の国有林・民有林界で実施する。

3．方法
- 車で走行しながら、葉が褐色化しているナラ類を探し、図面に位置と本数を記載する。(広域を調査するため、効率的に実施する事が必要)
- 被害木から離れた位置において、目視で本数をカウントする。(毎木調査ではない)

(1)使用図面　森林基本図（1：5000）をA3版に縮小した図面を使用

※森林基本図をA3に縮小すると約1：12,500となる

(2)記録方法　1メッシュ（500m×500m）ごとに被害本数をメッシュ右下に記入する。併せて、被害区域を大まかに囲み、その中に被害本数を記入する。

※別シートの記載例及び被害本数判断例を参照の事

※鉛筆もしくはシャーペンを使用して記入する。

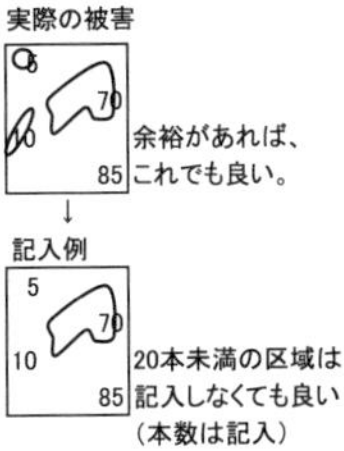

(3)調査手順　1．見通し場所の決定

被害位置の見通しが利く場所に行き、尾根や沢の地形から自分の位置を図面上で把握する。

2．記入するメッシュの把握

調査対象となる図面のメッシュを確認する。

3．目視し、被害本数をカウントし、図面に記載

- 被害が20本以上のまとまりである場合、区域をおおまかに落とし、その中に本数を記入する。
- 被害が20本未満のまとまりである場合は、メッシュ内に本数を記入し、右下に記入する合計本数に足しこむだけで良い。

※20本以上のまとまった区域を記入する作業は、多少位置がずれてもかまわないので、短時間で、大胆に記入して良い。

4．メッシュをまたがった被害の場合

右の例のように、調査者の判断で、本数を按分する。

例

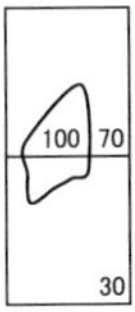

5．被害木が株立ちである場合

1つの根元から何本も株立ちとなっている場合、幹の本数（分かれている本数）をカウントする。

6．留意事項
- 被害区域を落とす作業は、多少位置がずれても、問題ない。
- 効率的に全区域を調査するためには、地形把握の速さと思い切りのよさが要求される。

4．その他
- 防除実施区域については、調査終了後、当該市町が主導し、毎木調査を迅速に実施する。[redacted]

表 6－1　山形県における現地調査の班編成の事例（平成19年度）

調査日	班	調査地域	調査者						使用車両	集合時間、場所	備考
			市町	森林組合	庄内森林管理署	研究センター	県庁	庄内総合支庁			
9月3日（月）	1	鶴岡市朝日南部	○			○		○	C 1	出羽庄内 SK 朝日支所 9：30	
	2	鶴岡市朝日北部	○			○		○	センター車		
	4	庄内町						○	C 2	庄内町立川庁舎 9：30	
	5	鶴岡市羽黒地区	○					○	森林組合車	鶴岡市羽黒庁舎 9：15	
	6	酒田市酒田地区	○					○	C 3	酒田森林組合 9：15	
9月4日（火）	1	鶴岡市藤島地区	○					○	C 2	鶴岡市藤島庁舎 9：15	公文大生 山大生
	2	鶴岡市鶴岡海岸北部	○					○	C 4	いこいの村庁内駐車場 9：15	
	3	酒田市平田地区	○		○	○		○	センター車	酒田市平田総合支所 9：30	
	4	鶴岡市温海地区南部	○			○		○	C 1	鶴岡市温海庁舎 9：30	
	5	鶴岡市温海地区北部	○					○	森林組合車		
9月5日（水）	1	鶴岡市櫛引地区	○					○	C 1	鶴岡市櫛引庁舎 9：30	
	2	鶴岡市鶴岡地区南部	○					○	C 2	出羽庄内 SK 本所 9：15	
	3	遊佐町	○			○	○		県庁車	遊佐森林組合 9：30	
	4	酒田市松山地区	○				○	○	C 3	飽海地方 SK 松山支所 9：15	
	5	酒田市八幡地区	○		○	○		○	センター車	酒田市八幡総合支所 9：30	

を知っている人が調査員に入ると、調査が驚くほど効率的に実施できる。また、調査員は防除計画と作業に実際に関わるメンバーでもあるので、被害を実際に見ながら1日行動を共にすることにより、今後の防除作業の展開が共通認識としてできあがっていく。このように、組織や立場の異なる調査員が、室内での会議など机上の話し合いだけではなく、現場で作業しながらコミュニケーションをとることで構築される「まとまり」は、防除事業を推進するにあたり、かけがえのない宝になる。

また、この他にも各自治体それぞれに可能な方法で被害の把握に取り組んでおり、例えば京都府では被害の把握に用いる地形図は2万5000分の1としている。

(3)　枯死本数の集計

調査が終了し、被害位置を記入した図面が調査班ごとにできあがったら、枯死本数を市町村単位(地区単位)で集計する。この作業と並行して、1㎞メッシュ図または5万分の1を16等分した線を記入したメッシュ図を準備して、メッシュごとの枯死本数を記載していくと毎年の被害状況を追うことができ、今後の被害の行方を推定していくのに有効な資料になる（口絵・図32)。

(4)　被害対策会議

被害位置図と市町村単位（地区単位）の枯死本数がまとまった段階で、府県の出先機関等を事務局とする被害対策会議が開催できれば防除にあたっての意志統一などに大変有効だと思われる。会議には市町村、森林組合、森林管理署、林業団体、研究機関などが参加する。事務局は取りまとめた資料をもとにして被害状況を報告し、被害軽減を目指した具体的な防除方法と事業の量について、事業費に応じた提案を行って実施方法を具体的に検討する。

(5)　防除の際に必要な配慮

具体的な防除の提案に入る際に、担当者は次の事項を認識している必要がある。

① 初期被害地については極力完全駆除に努めること。

② 送電線や林道沿い、自然公園（環境保全林を含む）などで初期の被害が発生しやすいため、被害が発生していなくとも、ナラ類樹木の分布など現況を把握しておく

③ 初期被害地周辺で、ミズナラ・コナラといった感受性が高く枯れやすい樹種の多い広葉樹林がある場合は、今後の被害が急激に増加・拡大する危険性があるため、状況をきちんと把握し、駆除には力を入れること。

(6) 防衛ラインの設定

山形県での例を挙げると、被害初期の段階では、標高５００ｍ以上の尾根や河川を境界とする防衛ラインを設定し、管理地域の図面上に記入することを勧めたい。防衛ラインを突破した場合、ラインを超えた部分では可能な限り全量駆除を目指した防除にすることは被害拡大防止に有効である。西置賜郡小国町では、民有林と国有林が共同で被害対策会議を開き、町の中央に防衛ラインを引いた。ラインの西側には新潟県との県境がある。枯死木がこの防衛ラインより東側に出た場合は、民有林も国有林も一丸となってそれぞれの予算で可能な限りの駆除事業を実施している。このため、防衛ラインより東側の地域での被害量は少なく、被害拡大は軽減されており、現時点では最も理想的な防除が実施できている。

(7) ナラ類分布の把握

こうした防除計画を策定する際には、どこにナラ類が分布しているのか知る必要がある。山形県では、環境省作成の自然環境ＧＩＳのデジタルデータ（購入またはhttp://www.biodic.go.jp/kiso/gisddl/gisddl_f.html からダウンロード）をもとに、民有林・国有林の区別なく主要樹種の植生図を作成している。区分した樹種は、コナラ、ミズナラ、ミズナラ－ブナ混交、ブナ、スギ、マツ類、その他である。最も枯死しやすいミズナラの分布域と、次に枯死しやすく面積的に多いコナラ地帯が一目で分かる。これに被害発生位置の全体図や被害の先端の図を重ねることによって、被害がこれからどの方向に広がっていくのか容易に推定でき、監視体制や防除対策に役立てる事ができる。

このGISのデータはデジタルデータで、パソコンで使用する際には専用のアプリケーションが必要となり、使用できる場所(人)が限られる。そのため、山形県ではこの主要な植生図をエクセルファイルに直して市町村や森林組合の担当者が使用できるようにしている(口絵・図33)。このように、府県では関連部門の担当者が簡単に被害や防除に関する情報を得て、適した防除法について考えられるように工夫する必要があり、国や府県の研究機関の協力や連携も不可欠である。植生図をエクセルファイルへ直す方法は下記の通りである。手作業になるが、最初にこの植生図を作成しておくと、後の防除作業が計画的、効率的に実施できるようになる。

① 環境省の自然環境GISなどの植生図をミズナラ、コナラ、ブナ、スギ、マツなどに区分してプリントアウトする。植生区分された図を植生ごとにプリントできない場合は、全ての植生が混在している図面を使用する(判読には苦労する)

② 5万分の1の地形図を16等分したメッシュ図を作り、プリントアウトした図を基に、各樹種ごとに1メッシュあたりの占有面積を4区分してメッシュに記載する(0:メッシュ占

有面積０％、１：１〜25％、２：26〜50％、３：51〜75％、４：76〜１００％）。

③　エクセルのＢＯＯＫシートを縦：横＝１：１・２程度のメッシュに区切り基本シートとする。この際に、可能な限り市町村単位の罫線を引いておくと、データの入力がしやすい。

④　この基本シートに対して、樹種ごとに各メッシュに数値を入力する。さらに、各樹種ごとに基本となる色を決めて、占有面積が広い４を一番濃くするなどして段階的に色を薄くしていけば、ミズナラやコナラの生育が多い場所がどこかという視覚効果は十分に得られる。

ヘリコプターによる空中からの被害の把握と情報の活用（事例報告）

ヘリコプター（以下、ヘリと略記）を活用し空中から被害を把握することができれば、少ない人員で短時間のうちに広範囲を調査することができる。ここでは京都市の事例を報告する。

京都市では、京都市の消防航空隊のヘリが活用された。このように、自治体が所有するヘリを被害の把握に活用するにあたっては、担当部局にその重要性をきちんと説明し、理解が得られるよう努めることが重要である。また、ヘリを活用するにあたっては、搭乗できる人員が少ない、調査時間が短い、一発勝負でやり直しがきかないといった制約がある。この事例では、搭乗する調査員には、被害木の探索に慣れている者、現場の地理に詳しい者、GPS（グローバル・ポジショニング・システム：全地球測位システム）や地理情報の扱いに慣れている者1人ずつを起用した。

前述の京都市での被害探索では、それぞれの担当者3名がビデオ撮影（調査者の音声記録も重要）、カメラ撮影、GPSによる記録と作業を分担し、約1時間の飛行で広範囲の調査を行い非常に有用なデータを得ている。ただし、自治体所有のヘリコプターは、事故や災害など本来の用務が発生すれば調査が中止されることもある。予算獲得に際しては民間のヘリの活用を検討する必要もあるだろう。

このように、空中からの被害の把握が可能になったとしても、得られた貴重な情報を防除に結びつけるためには、必ず現地での踏査を行う必要がある。このため、事前に関係機関で現地での踏査における役割分担などを調整し、得られた情報が防除に活かせる体制を整えておくことが重要である。

一般住民対象の広報と、被害情報の収集

被害情報の収集は、行政機関で実施するだけでなく一般の住民の方々の協力が得られると、

より効果的な調査が可能となる。その際には、行政機関や研究機関で被害の周知のための資料を作成し、配布する必要がある。京都府の被害対策会議(京都市、国有林、研究機関を含む)で作成され、国有林の京都大阪森林管理事務所を中心に配布された注意喚起文書や森林総合研究所関西支所で作成した小冊子には、ナラ枯れ被害の情報提供を求める旨を記載し、一般の住民の方からの情報収集に努めている。

2　ナラ枯れの被害区分

被害の程度は、外見上の様態から次のように区分する事が多い。それぞれの樹幹横断面の状態を口絵・図7に示す。

①　健全木　樹幹からはカシナガのフラス（虫糞と木屑の混合物）の排出は無く、樹冠には活力のある緑葉が多数ある。

②　枯死木　樹幹からはカシナガのフラスが大量に排出されており、樹冠全体の葉が褐色～赤褐色に変色して萎凋《いちょう》症状(しおれ)を示したり枯葉の状態となり、明らかに立

木全体が枯れたと判断される状態である。翌年、新葉が展開することはない。樹幹基部から萌芽が出ることもあるが、生き残っても、成長が続くことはまれである。

③　異常木　樹幹からはカシナガのフラスが排出されており、樹冠の葉の一部が褐色～赤褐色に変色していたり、緑色の着葉量が著しく少ないなど、カシナガの穿入を受けていない健全な立木と比較すれば、衰弱していることがわかる。翌年、新芽の一部が展葉する事もあるが、時間の経過とともに樹冠全体の葉が変色して萎凋症状を示し枯死に至る。

④穿入生存木　樹幹にはカシナガが穿孔しても、樹冠の葉は変色や萎凋症状が見られず枯死には至らない。多くの場合はカシナガは繁殖に失敗するため、脱出数は枯死木よりも少ない。

防除とは、「駆除」と「予防」が合わさった言葉で、辞書によると「害を防いで取り除くこと」とある。カシナガの防除にも、「駆除」と「予防」があり、上に述べた被害形態によって、駆除するのか予防するのかが決まってくる。駆除は、枯死木と異常木の全てを対象とし、予防は、健全木を対象にする。穿入生存木については、むやみに駆除の対象とはしないことが望ましい。ただし、フラスを大量に排出し、内部でカシナガが順調に繁殖していることが明らかな穿入生存木は、駆除の対象とする場合がある。このように時と場合により、有効な防除手法が異なるため、事前に防除方針をしっかり検討しておく必要がある。

京都府の「カシノナガキクイムシ防除対策会議では、この穿入生存木の取り扱いについて、次にあげる理由により、「むやみに駆除の対象としない」こととしているので、概要を紹介する。

穿入生存木をむやみに駆除の対象としない理由

①　効率よく防除作業を実施するため

穿入生存木は、「枯死木よりカシナガの脱出数が少ない、無被害木との見分けが付きにくい」という特徴がある。そこで、時間も予算も限られた防除事業においては、まずは脱出数が多い枯死木の駆除を優先して、効率よくカシナガの密度を下げることが重要である。カシナガは、穿入生存木では繁殖しないとされてきた（井上ら　１９９８、Urano 2000）。しかし、穿入生存木であっても繁殖可能で次世代虫が脱出する場合があることから（小林・萩田　２０００、加藤ら　２

002、小林ら 2004)、穿入生存木も防除すべきであるとの報告があり(鎌田 2002)、穿入穿入木を駆除の対象とするか否かが改めて検討された。その結果、穿入生存木からのカシナガの脱出数は、枯死木よりも少ないこと(小林・萩田 2000、衣浦ら 2004、小林ら 2004)、また、穿入生存木には木部樹液が多く(木部含水率が高い)、この樹液がカシナガの繁殖を阻害することが明らかにされたことから(小林ら 2004)、穿入生存木は駆除の対象とすべきではないと対策会議では考えられた。ただし、穿入生存木をひとくくりでとらえるのではなく、穿入生存木であっても、樹液の流出量が少なくフラスの堆積量が多いものについては、カシナガが多数脱出する可能性があるため防除の対象にする、といった柔軟な対応をとることが大変重要である(小林ら 2004)。

② 急激な環境の変化を避け、被害を予防するため

穿入生存木も含めてカシナガの穿入木を全て伐倒すると、閉鎖していた林冠に穴が空き、大きなギャップ(開放地)ができる。すると、明るい場所を好むカシナガが誘引される(Igeta et al., 2003)。さらに、ギャップでは乾燥や温度変化が激しくなるために樹木が乾燥や高温によるストレスを受け(小林・上田 2001)、被害が助長される可能性がある。

このため、京都府を含めた日本各地で、大きな林道を開設した場所や、下層木の刈り払いや高木層の本数を減らす広葉樹施業（本数調整伐）を実施した場所が、最初の被害発生場所になっている場合が多い。また、これらの施業時には伐倒木が放置されることが多いが、放置された丸太や伐根も、カシナガの繁殖源（餌木）や誘引源になり被害を増加させる。

③　カシナガの個体数密度を低下させるため

穿入生存木は翌年以降カシナガの穿入を繰り返し受けても枯死しない場合が多く、枯死木より穿入生存木の方が繁殖に失敗した孔道の割合が高いことが報告されている（上田・小林 2001）。つまり、穿入生存木ではカシナガが穿入しても繁殖に失敗することから、穿入生存木を伐倒せずに残しておけば、繁殖に失敗するカシナガが増え、林分内でのカシナガの個体数密度が低下し、枯死木の減少に寄与することになる。

④　カシナガの飛散を防止し、被害拡大を阻止するため

穿入生存木を林内から除去してしまえば、穿入対象木が減るため、あぶれたカシナガは穿入対象木を求めて周辺地域に飛散していくことが危惧される。カシナガが飛散した先に繁殖に適

した風倒木や伐倒木があれば、そこで個体数密度が上昇する。数年後にはマスアタック可能な個体数密度に達し、新たな枯死被害が発生する。このように、穿入生存木を伐倒して除去することは、被害地域を拡大させる可能性が高い。

以上、穿入生存木をむやみに駆除の対象としない理由を述べてきた。しかし、初めに述べたように、枯死木同様にフラスが大量に排出されている穿入生存木は、カシナガが繁殖に成功して多数のカシナガが脱出する可能性がある。このような穿入生存木は、その時々によって、防除の対象とするかどうか、柔軟な対応が求められる。

効率よく防除を遂行するために大切なことは、まずは枯死木を徹底して駆除することである。そして、穿入生存木についても、ひとくくりに考えるのではなく、フラスの排出量や樹液の流出状況によって樹体内でのカシナガの繁殖状況を推測し、穿入生存木ごとに、または被害地域ごとに防除対象とすべきかどうかを検討する柔軟さを持つことが大切である。

例えば、京都市東山では、主な被害樹種がミズナラ・コナラであったこれまでの京都府内での被害地とは異なり、シイ・カシ類もカシナガの穿入を受けて枯死している。その中でアラカシは穿入されても枯死せず、フラスを大量に排出している場合が多い。アラカシについては、カシナガの繁殖状況など未解明な点が多いことから、これらの解明に向けた調査研究と平行して防除法を考案するなど、試行錯誤しながらの防除が進められている。

参考文献

Igeta, Y., Esaki, K. Kato, K. and Kamata, N. (2003) Influence of light condition on the stand-level distribution and movement of the ambrosia beetle Platypus quercivorus (Coleoptera : Platypodidae). Appl. Entomol. Zool. 38 : 167-175.
井上牧雄・西垣眞太郎・西村徳義（１９９８）コナラとミズナラ生立木、枯死木および丸太におけるカシノナガキクイムシとヨシブエノナガキクイムシの穿入状況と成虫脱出状況、森林応用研究７：１２１－１２６
井上牧雄・西垣眞太郎・西　信介・西村徳義（２００３）１９９０年代に鳥取県で発生したナラ類の集団枯損、鳥取県林業試験場研究報告40：１－１２１
鎌田直人（２００２）カシノナガキクイムシの生態、森林科学35：25－34
亀山　章（１９９６）雑木林の生物季節と群落の動態（雑木林植生管理、亀山章ほか編、ソフトサイエンス社、東京）、50－60
加藤賢隆・江崎功二郎・井下田　寛・鎌田直人（２００２）カシノナガキクイムシのブナ科樹種４

種における繁殖成功度の比較II—過去の穿入履歴が繁殖成功度に与える影響について—、中森研50：79—80
衣浦晴生・小林正秀・後藤秀章（2004）カシノナガキクイムシの穿入したミズナラの生死と繁殖成功度（II）、第48回応動昆大会要旨集：31
熊本営林局（1941）カシ類のシロスジカミキリ及びカシノナガキクヒムシの豫防驅除試験の概要、51pp. 熊本営林局
小林正秀・萩田　実（2000）ナラ類集団枯損の発生経過とカシノナガキクイムシの捕獲、森林応用研究9—1：133—140
小林正秀・柴田　繁（2001）ナラ類集団枯損発生直後の林分におけるカシノナガキクイムシの穿入と立木の被害状況（I）—京都府舞鶴市における調査結果—、森林応用研究10(2)：73—78
小林正秀・上田明良（2001）ナラ類集団枯損発生直後の林分におけるカシノナガキクイムシの穿入と立木の被害状況（II）—京都府和知町と京北町における調査結果—、森林応用研究10(2)：79—84
小林正秀・野崎　愛・衣浦晴生（2004）樹液がカシノナガキクイムシの繁殖に及ぼす影響、森林応用研究13(2)：155—159
小林正秀・上田明良（2003）カシノナガキクイムシによるマスアタックの観察とその再現、応

動昆47：53—60。
小林正秀・上田良明（２００５）カシノナガキクイムシとその共生菌が関与するブナ科樹木の萎凋枯れ—被害発生要因の解明を目指して—日林誌87：４３５～４５０
布川耕市（１９９３）新潟県におけるカシノナガキクイムシの被害とその分布について、森林防疫42：２１０—２１３
斎藤孝蔵（１９５９）カシノナガキクイムシの大発生について、森林防疫ニュース８：１０１—１０２
斉藤正一・中村人史・三浦直美・三河孝一・小野瀬浩司（２００１）ナラ類集団枯損被害の枯死経過と被害に関与するカシノナガキクイムシおよび特定の菌類との関係、日本林学会誌83：58—61
Urano, T. (2000) Relationships between mass mortality of two oak species (*Quercus mongolica* Turcz. var. *grosseserrata* Rehd. *et* Wils and *Q. serrata* Thunb.) and infestation by reproduction of *Platypus quercivorus* (Murayama) (Coleoptera: Platypodidae). J. For. Res. 5 : 187-193.

第7章

被害形態別の防除方法

斉藤正一・野崎愛

この章では、ナラ枯れの防除に関する具体的な手法について解説する。防除方法は被害木の状態によって異なり、また、被害発生地からの距離によって、健全木の予防措置も異なってくる。厳密な判断を要する部分については特に詳しく説明した。

1　被害形態ごとの防除方法の種類

被害木の状態による防除のポイントと防除方法は次のとおりである。

枯死木・異常木・フラスが大量に排出される穿入生存木（駆除）

枯死木・異常木の樹幹内にはナラ菌を伝播《でんぱ》するカシナガ（幼虫、成虫）が多数生息する（第3章参照）。これらの被害木を放置すれば翌年に多数のカシナガが羽化して脱出するため、樹体内のカシナガを駆除して翌年の病原菌の伝播を阻止する。

① 枯死立木等へのNCS樹幹注入処理によるカシナガ駆除法

② 伐倒丸太等を集積してビニールシート被覆でNCSくん蒸処理するカシナガ駆除法（登

録申請中）
③　伐倒丸太の粉砕・焼却処理、製炭処理によるカシナガ駆除法
④　枯死立木等への粘着剤の樹幹散布によるカシナガ駆除法
⑤　立木または伐倒丸太への菌類の接種によるカシナガ駆除法
⑥その他（事例紹介）

健全木（予防）

樹幹に加害しようとするカシナガを、シートなどを使用して物理的に阻害する、もしくはカシナガが樹幹内に穿入《せんにゅう》してもナラ菌が樹幹内で伸長しないように、殺菌剤などを注入するといった予防を行う。下記の方法が用いられている。

①　健全な立木の樹幹にビニールシートを巻き付けるカシナガ穿入予防法
②　健全な立木の樹幹への殺菌剤注入による単木的予防法（登録申請中）
③　健全な立木の樹幹表面への粘着剤などの散布によるカシナガ穿入予防法
④　被害にあう前にナラ類を伐採して利用する予防法（根本的な本被害の解決方法である）

2　枯死木・異常木・フラスが大量に排出される穿入生存木の処理方法

枯死木の処理はカシナガの殺虫を効率的に行う事を目的として実施する。効果の見込まれる方法を中心に紹介する。

(1)　枯死立木等へのNCS樹幹注入処理によるカシナガ駆除法（口絵・図34）

この方法は、立木を伐倒せずにカシナガが駆除できるという長所がある。枯死木の樹幹下部にカシナガが多数生息する傾向があるので立木のまま処理できる。現在、本処理法は林野庁の補助事業により、各地で駆除作業が実施されている。

本処理法の具体的な作業内容を説明する。枯死木の樹幹下部に、太さ10・5㎜のドリルビットで、斜め45度、深さ約30㎜の薬剤注入孔をあけ、ヤシマ産業製NCSを注入する。注入孔は、カシナガの樹幹内の密度が高い地上0～0・5ｍの範囲では10㎝間隔の千鳥に、密度が低くなる0・5～1・5ｍでは20㎝間隔の千鳥になるように配置する。ドリルは背負い式の山田機工

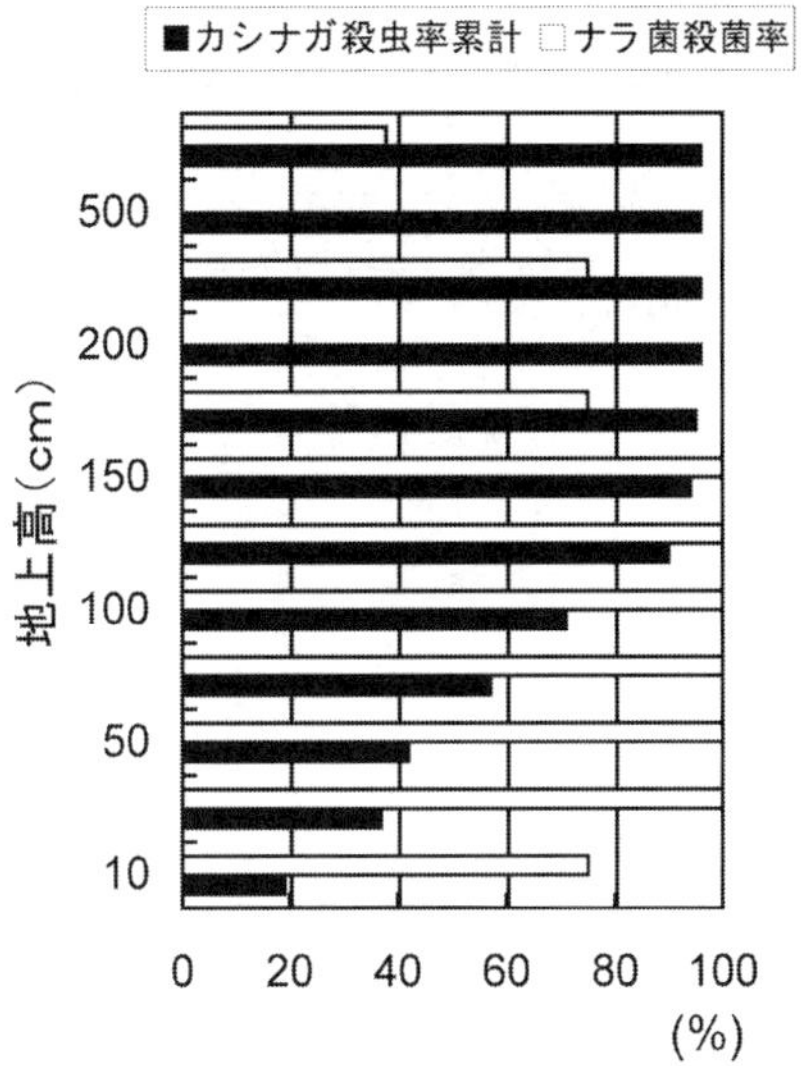

図7－1　枯死立木へのNCS注入処理によるカシナガの殺虫率（累積）とナラ菌の殺菌率（高さ別の比較）

製の動力ドリルが便利であるが、このドリルは現在入手困難なため、入手できなければ、発電機と電動ドリルを用いるなど工夫が必要である。

地上0〜1・5mの薬剤注入部位ではカシナガの完全殺虫とナラ菌の殺菌が可能である（図7-1）。初期被害においては、この防除方法を実施した山形県鶴岡市の林分では急激な被害の拡大は抑制された（表7-1、斉藤ら 2002）。また、京都においても同様の効果が確認されており（小林・野崎 2006）、初期被害の駆除がいかに大切かがわかる。ただし、この方法ではせいぜい地上高2

表7－1　被害初期の林分における枯死立木NCS注入処理の効果（山形県鶴岡市、斉藤ら（2002）改変）

試験区	試験面積	区分	12年度	13年度	14年度	15年度
NCS枯死立木処理区	約5ha	枯死本数	0	22	30	25
		枯死累計	0	22	52	77
		枯死本数/ha	0	4	10	15
無処理区	約10ha	枯死本数	48	577	722	446
		枯死累計	48	625	1,347	1,793
		枯死本数/ha	5	63	135	179

m程度までしか処理できない。カシナガは、地上高2m以下という樹幹下部に多数が生息することが知られており（斉藤ら1999）、その場合は地上高2m以下を処理すれば高い駆除効果が得られる。しかし、カシナガの密度が高くなった地域や、幹が低い位置で分枝している立木、また、胸高直径が太い立木では、地上高2m以上の部位にもカシナガが多数生息する場合があり（小林・野崎 2003）、地上高2m以上にカシナガが多数生息する場合の有効な駆除方法の開発が求められている。

(2) 伐倒丸太等を集積してビニールシート被覆でNCSくん蒸するカシナガ駆除法（登録申請中）（口絵・図35）

この方法は、カシナガの密度が高い地域など、被害木の樹幹上部にもカシナガが多く生息する場合でも、殺虫率90％以上とカシナガを比較的確実に駆除できるという長所がある。現在、本処理法は、農薬登録の適応拡大を申請中であり、認可されれば2008(平成20)年度にも使用が可能になる。作業に当たっては、伐根も忘れずにきちんと処理することが大変重要である。伐根には多数のカシナガが生息しているため、伐根の処理を怠れば、いくら丸太をきちんと処理したとしても、駆除効果は半減、もしくはゼロになってしまう。十分に注意していただきたい。

本処理法の具体的な作業内容を説明する。まず、枯死木を伐採した後、1m程度に玉切りして集積し、丸太を積み上げた状態で全体をシートで被覆する。その中にヤシマ産業製NCSを散布してくん蒸する(口絵・図35)。松くい虫被害木の伐倒駆除の際に、くん蒸によってマツノマダラカミキリを殺虫する方法とほぼ同様である。

なお、NCSの殺虫ガスを丸太や伐根に対して確実に作用させるためには、玉切りしたあとチェーンソーでノコ目を入れたり、ドリルにより穴を開ける作業が必要となる(図7-2)。これは、カシナガの穿入孔が直径2~3㎜と小さく、また、材の奥深くまで穿入しているため、ノコ目やドリル穿孔といった傷が無ければ、殺虫ガスが孔道の奥までうまく届かず、殺虫効果が低くなるためである。ノコ目の深さは、チェーンソーのバーがもぐる程度とし、その数の目安は、伐根であれば山側に立って左右2~3箇所、丸太であれば、末口20㎝以上は片側3箇所、末口30㎝以上は、片側3カ所で両側6カ所とする。松くい虫の伐倒駆除より工程が増えるが、

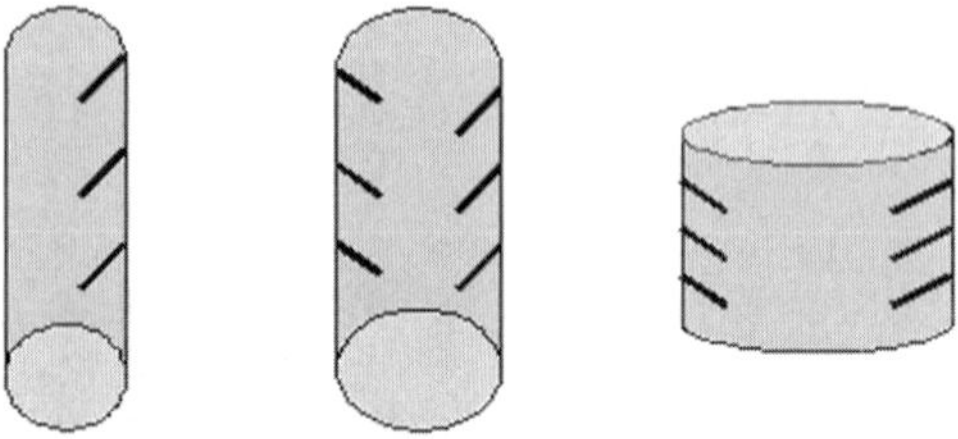

図７－２　NCSくん蒸処理する場合の丸太と伐根へのノコ目のイメージ

より確実にカシナガを駆除できる。

⑶　伐倒した丸太の粉砕・焼却処理、製炭処理によるカシナガ駆除法（口絵・図35）

この方法では、カシナガを物理的に殺虫するので、きちんと処理すれば確実にカシナガを殺虫できる。しかし、処理のために移動した丸太を粉砕・焼却等をせずに放置した場合、カシナガはそこから羽化して新たな被害をもたらすため、カシナガの羽化脱出前に処理を完了する必要がある。

本処理法の具体的な作業内容を説明する。被害木を伐倒して玉切りした後、粉砕処理の場合は、その場でチッパーで粉砕するか、チップ工場に持って行きチップにする(口絵・図35)。チップの厚さが６㎜を超えるとカシナガの幼虫が粉砕されずに残り、生育・羽化できる事が確認されているので（斉藤 1997）、チップの厚さは6㎜未満とする必要がある。

焼却処理は確実にカシナガを殺虫できるが、野焼きは火災の危険があるため焼却場に持ち込んで処理すべきである。製炭処理も焼却処理同様に有効であるが、大径材をそのまま製炭するのは、炭焼き窯のサイズの問題で困難なことがある。

⑷ 枯死立木等への粘着剤の樹幹散布によるカシナガ駆除法

本処理法は、効果が他の駆除法より劣り、改良の余地が残されている。立木へのNCS注入処理と同程度の効果は期待できない。本法には2タイプあり、目的にあわせて方法を選択する必要がある。

① 斉藤らの方法

殺虫剤のスミパイン乳剤50倍液を被害立木の樹幹下部1・5mまで散布した後に、殺虫剤に重ねるように粘着剤（住友スリーエム製JA7562）の希釈液を散布した。この処理により、穿入孔付近には殺虫剤が付着し、さらにフラスが粘着剤によって外部に排出しにくくなり孔道内の通気が悪化するなど、孔道内のカシナガの生息環境を悪化させ、カシナガの繁殖を阻害し、結果としてカシナガが約80％殺虫できるとしている。殺虫剤を散布せず粘着剤のみの殺虫率は約60％で、殺虫剤を先に散布した方が殺虫率は高かった(斉藤　2005)。しかし、カシナガの駆除法として積極的に活用するには、殺虫率をさらに上げる工夫が必要である。

② 増田らの方法

殺虫剤は使用せず、粘着剤の原液（アース製薬㈱製　噴霧処理剤カシナガブロック）を樹幹に噴霧し、内部からのカシナガの脱出が物理的に阻止できるとしている。ただし、殺虫率が算出されておらず、供試本数も少ないことから、効果を見極めるにはさらなるデータの集積が必要である。

⑸ 枯死立木または伐倒丸太へのシイタケ菌の接種によるカシナガ駆除法

本処理法は、カシナガが樹体内に持ち込んだナラ菌や酵母などの菌類を、接種した食用きのこ菌に置き換えてカシナガを駆除する方法である。菌という生き物を用いるため、安定した効果は得にくいことから、他の駆除法が実施できない場合等に活用が期待される。また、本処理法の実施に当たっては、被害地の拡大につながる可能性があるため、接種した枯死丸太を絶対に被害地の外へ移動しないことが重要である。

数種の食用きのこ菌をナラ菌と対峙培養させたところ、シイタケがナラ菌の菌糸伸長を阻害

表７－２　シイタケを接種した枯死立木でのカシノナガキクイムシ死亡率とナラ菌およびシイタケの分離率

供試木	胸高直径(cm)	ドリル穿孔数	穿入孔数	カシノナガキクイムシ			菌の分離率(%)	
				生	死	死亡率(%)	ナラ菌	シイタケ菌
シイタケ植菌木Ⅰ	18.6	106	87	32	152	82.3	31.3	31.3
シイタケ植菌木Ⅱ	17.6	111	52	618	22	3.4	78.1	15.6
ドリル穿孔木	19.9	100	65	634	13	2.0	65.6	0.0
無処理木	21.3	0	61	632	17	2.6	87.5	0.0

することが報告された。ところが、実際には、シイタケを枯死木に接種しても、シイタケが十分に蔓延せず、ナラ菌が駆逐されない場合が観察され、カシナガの死亡率にはばらつきが見られた（表7－2）。本処理法は、被害材をきのこ栽培に利用するという観点からは評価できる。しかし、接種時期や被害木の状態によってはきのこ栽培にも適さない場合もあることから、これらの点に留意して取り組むことが重要である。

⑹　その他（事例紹介）

寺社の境内や公園、人家そばといった人の往来が激しい場所や、建物がすぐ側にある場所では、大木が枯死しても、駆除のための伐倒作業は危険を伴うため、すぐに実施できない場合もある。放置しておけば枯死木からは多数のカシナガが脱出するため、応急措置として、枯死木の地上高２ｍの高さまで、あるいは２ｍより上部からもフラスが大量に排出されている場合は、作業可能な限り上部まで、樹幹部をぐるりと布または網目が2㎜以下の防虫網で覆い、その中に脱出してきたカシナガを捕獲して駆除する（図7‐3）。

本処理法はあくまで応急処置である。カシナガが拡散して被害が拡大することをきちんと防除するには他の駆除法の実施を検討する必要がある。また、本処理法においては、樹皮と防虫網の間に隙間《すきま》をつくることがとても重要である。樹皮と防虫網が密着すると、そこを足がかりにカシナガは防虫網に穴を開けて脱出する可能性が高い。

また、京都市の東山に位置する高台寺山国有林では、カシナガが繁殖している被害木を伐倒せずに、カシナガの脱出を阻止しようと、爪楊枝処理によるカシナガの脱出防止に取り組まれている。

カシナガは親成虫があけた穿入孔から次世代虫が脱出するため、穿入孔を爪楊枝で塞《ふさ》ぐことにより脱出を阻止でき、その上フラスの排出が妨げられて繁殖にも失敗すると考えられたため、当初は爪楊枝（先端にはボンドが付着）が落下することは想定していなかった。しかし、穿入孔を塞がれたカシナガは、爪楊枝を齧《かじ》って落下させたり、塞がれた穿入孔のすぐそばに新しい孔を掘るなど、予想外の行動をとったことから（図7‐4、7‐5）、多くの爪楊枝が落下し、カシナガの脱出防止効果が50％以下になる場合もあった。このため、本処理法によりカシナガの脱出

図７－３　防虫網の中に脱出したカシナガを捕獲

防止の効果を高くするには、親成虫が交尾した直後など、次世代虫が樹体内で育っていない時期に実施するといった改良が必要である。

また、本法は、どこでもすぐに実施できる方法ではない。穿入孔一つひとつを探し出し、そこへ先端にボンドを付けた爪楊枝を1本1本突き刺していくという作業には、相当な人員が必要である。つまり、人海戦術がとれるほど金銭的に余裕があるか、大勢の人が関心を持っている場所でボランティアの方々などの応援が見込める場合でないと、実施は困難である。ボランティアの方々の応援が見込める場合でも、交通の便が良い、緩傾斜地で足場がよく危険な作業を伴わない、作業を楽しく感じさせる何らかの工夫ができる、といった条件を満たす必要がある。

3　健全木の予防処理

健全木をカシナガの穿入およびナラ菌の感染・蔓延から守り、枯死を最小限にすることを目的として実施する。目標は処理木の枯死率を10％以下にすることである。

(1) 健全な立木の樹幹にビニールシートを巻き付けるカシナガ穿入予防法（口絵・図36）

本処理法は、最も簡易なナラ枯れの予防法である。樹幹の地際から約２mまでの高さにビニールシートを巻いてカシナガの穿入を物理的に阻止するもので（小林ら　２００１、小林・萩田　２００３）、林野庁の事業にも組み込まれている（口絵・図36）。

この方法の利点は、ビニールシートの準備だけで誰でも施用でき、安定して高い効果が得られることである。欠点は、ビニールシートを巻く高さには限界があり、その上部へのカシナガの穿入は阻止できないことである。枯死木を伐倒してカシナガを駆除することを思えば、手間もコストも低く抑えられる。現場では極端な根曲がりや多数株立ちする場合も多く、このような場合は、小さな隙間にまできちんとビニールシートで被覆する必要があることから、多少手間がかかる。しかし、三人一組でチームを組み、それぞれの作業に慣れてくれば、作業効率は自ずと上がってくる。すぐに劣化しないシートを使用する必要があるが、この方法を施用した場合、１回の巻付けで3年間は効果があり、枯死しやすいミズナラ枯死率を約10％以下にできる。

⑵ 健全な立木の樹幹への殺菌剤注入による単木的予防法（登録申請中）（口絵・図37）

この方法は、ナラ枯れの原因がカビの仲間である事に注目して、健全木に殺菌剤を注入しておき、カシナガが穿入しても、ナラ菌の伸長が抑制されて殺菌剤を注入した立木は枯れないというものである（口絵・図37下、斉藤・中村 ２００７）。

具体的な方法は、健全なナラ類の地上20～30cmの位置に斜め45度の角度で約30mm深さにドリルビットで薬剤注入孔をあけ、辺材部分に薬剤が吸入されるようにして、ノズル付き２００mlアンプルに充填したベノミル水和剤希釈液を自然圧で吸わせるものである。注入孔の数は、胸高直径に応じて決定する。胸高直径20cm未満は４本、20～30cmは５～６本、30～40cmは７～８本とし、40～60cmは辺材の横断面積が急に増加するので、

$$アンプル数＝1.6226×1.0486^{胸高直径（cm）}$$

とする。また、胸高直径が60cmを越える巨木については、アンプルの注入孔の間隔を概ね12cm程度を目安として、腐朽部位を避けて注入する。

本法の予防効果は、今のところ注入した立木の枯死率が10％以下で、一度殺菌剤を注入すればその効果は２～３年持続することが確認されている（表７-３）。この殺菌剤の樹幹注入による予防方法は、２００７（平成19）年12月にヤシマ産業㈱が農薬登録の申請をしており、認可が降

表7－3　殺菌剤(ベノミル水和剤)の樹幹注入によるミズナラ健全木の予防効果(斉藤ら（2007）を改変)

処理区	処理／確認	供試本数	2004秋	2005秋	2006秋	枯死合計本数	枯死率
ベノミル	2004年春	13	0	0	0	0	0
水和剤	2005年春	14		0	0	0	0
処理区	2006年春	25			0	0	0
	2004年春	18	3	4	3	10	56
無処理区	2005年春	13		2	0	2	15
	2006年春	36			2	2	6

りれば平成20年度には防除事業にて使用が可能になる。

⑶　健全な立木の樹幹表面への粘着剤などの散布によるカシナガ穿入予防法

この方法は、スミパイン乳剤50倍液と粘着剤ＪＡ７５６２（住友スリーエム㈱）を樹幹１・５ｍに使用する方法が提案された（斉藤ら２００４、斉藤２００５）。この方法は樹幹下部のみの処理であることから、処理上部で穿入加害が多く枯死率が10％に近いという欠点があった。しかし、樹幹３ｍの範囲まで殺虫剤と３種類（ＪＡ７５６２（住友スリーエム㈱）、ＥＭＰＳ－30Ｘ（セメダイン㈱）、ＳＢ20（中部サイデン㈱）の粘着剤を併用散布すると枯死率は１％未満に抑えられ、カシナガのフラスを少なくできる技術として完成した（大橋２００７）。

処理は毎年実施する必要があるが、作業が容易なので林床植生が少ない作業条件がいい箇所での大規模な施用が期待されている。

② 粘着剤のみによる方法

前述の噴霧処理剤「カシナガブロック」(アース製薬㈱)は、粘着剤を地際から地上5m程度までに散布し、その粘着力によりカシナガの穿入を阻止する方法である。根曲がりや株立ちの立木への処理は前述の方法と同様に容易であるが、時間と共に粘着力が劣ってくるため、毎年施用する必要がある。

両者の方法は、丈夫まで散布する際に粘着剤が作業者の身体に大量に付着する場合があること、散布ムラが出ないように工夫する必要がある。また、公園などで散策している人が粘着剤の塗布された立木に触れる可能性がある場合には、看板によって周知するといった配慮が必要である。

(4) 被害にあう前に伐採して利用する予防法(根本的な本被害の解決方法である)

二次林が被害地からまだ数十キロ以上遠く離れており、ナラ類樹木が豊富にあるような林分では、被害が発生する前に伐採して利用するというのも一つの予防方法である。しかし、被害地が10㎞以内にある場合は、伐採により林内にギャップ(開放地)が発生したり、伐採丸太の一部が放置されたりすることで、カシナガを誘引してしまい、その場所で新たな被害が発生する危険性があるため、作業内容を事前に検討する必要がある。また、伐点が高い伐採もカシナガを誘引する。カシナガの習性（第3章参照）に関する基本的な知識を持って、十分な配慮を行う必要がある。

急激に拡大するナラ枯れ被害に対して、これまで説明した単木的な処理による防除では対応できなくなってきた場所もある。さらに、地域によってはナラ類だけでなく、シイ・カシ類といったこれまであまり防除の対象としてこなかった樹種についても、防除の必要性に迫られる場合が出てきている。本章でも取り上げた京都市東山では、アラカシなどフラスを大量に排出する穿入生存木が確認されている。アラカシは特に辺材だけでなく心材にまで孔道が掘られ（第3章参照）、フラス排出量が多い場合には、ミズナラ枯死木と同様に多くのカシナガが生存している。このため、アラカシ内部のカシナガを駆除する際には、ナラ類の樹木と異なり、心材まで殺虫材を浸透させる必要があり、薬剤を用いた駆除においても、チェーンソーで入れるノコ目をナラ類の場合よりも深く、本数も多くするといった工夫が必要となる。

このように、刻々と状況が変わる防除現場では、防除を実施する側もその変化に柔軟に対応し、研究サイドと密に連携をとりながら防除事業にあたる必要がある。

現在、単木的な防除法だけでなく、面的な防除法として、合成されたカシナガの集合フェロモン（名称：ケルキボロール）を利用した大量捕獲法など、新たな防除法の研究が進められている。今後は、このようなカシナガの大量捕殺を前提とした面的な防除法の完成が待たれるところである。

参考文献

亀山　章（1996）雑木林の生物季節と群落の動態（雑木林植生管理、亀山章ほか編、ソフトサイエンス社、東京）、50－60

熊本営林局（1941）カシ類のシロスジカミキリ及びカシノナガキクヒムシの豫防驅除試験の概要、51pp、熊本営林局

小林正秀・萩田　実・春日隆史・牧之瀬照久・柴田　繁（2001）ナラ類集団枯損木のビニールシート被覆による防除、日本林学会誌83：328－333

小林正秀・野崎　愛（2001）食用きのこによるナラ類病原性未同定菌の菌糸伸長阻害、森林応用研究10(2)：67－71

小林正秀・萩田実（2003）カシノナガキクイムシのビニールシート被覆による防除法、森林防疫52：137―147
小林正秀・野崎　愛（2003）ミズナラにおける地上高別のカシノナガキクイムシの穿入孔数と成虫脱出数、森林応用研究12(2)：143―149
小林正秀・野崎愛（2006）カシノナガキクイムシの脱出数と枯死本数の推定、森林防疫55：224～238
増田信之（2005）カシノナガキクイムシ被害における液体粘着剤を用いた防除法、第56回日本森林学会関西支部等合同大会研究発表要旨集：65
野崎愛・小林正秀・藤田博美・芦田暢・江波敏夫・柴田繁（2001）集団枯損したミズナラに対する食用きのこの植菌、森林応用研究10(2)：61―66
野崎愛・小林正秀・藤田博美・芦田暢（2003）丸太と立木へのシイタケ植菌によるカシノナガキクイムシ防除の予備的調査、森林応用研究12(2)：167―171
野崎愛・小林正秀（2004）カシノナガキクイムシ穿入枯死木を用いた食用きのこ栽培、森林応用研究13(2)：115―121
野崎愛・小林正秀・衣浦晴生・竹本周平・二井一禎（2007）カシノナガキクイムシ穿入枯死木に対する各種菌類の植菌。森林応用研究16(1)、1―9

大橋章博（２００７）接着剤を利用したナラ類集団枯損被害の防除、第１１８回日森学術講：ＰＢ０７６
斉藤正一（１９９７）ナラ類の集団枯損原因の解明と防止法開発に関する調査、平成8年度山形県林試業務年報：15～16
斉藤正一・中村人史・三浦直美・小野瀬浩司（１９９９）ナラ類集団枯損被害の薬剤防除法、森林防疫48：84―94
斉藤正一・中村人史・三浦直美・小野瀬浩司（２００１）ナラ類集団枯損被害立木へのＮＣＳ注入によるカシノナガキクイムシとナラ菌の防除法の改良、林業と薬剤１５２：１―11
斉藤正一・中村人史・三浦直美・三河孝一・小野瀬浩司（２００１）ナラ類集団枯損被害の枯死経過と被害に関与するカシノナガキクイムシおよび特定の菌類との関係、日本林学会誌83：58―61
斉藤正一・中村人史・三浦直美（２００２）ナラ類集団枯損の薬剤防除法の効果、第１１３回日林学術講、２８３
斉藤正一・中村人史・三浦直美（２００３）薬剤と接着剤によるナラ類集団枯損被害における枯死木の新たな防除の試み⑴、林業と薬剤１６６：18―24
斉藤正一・中村人史・三浦直美（２００４）ナラ類集団枯損被害の接着剤を利用した防除方法、第１１５回日林学術講斉藤正一（２００５）殺虫剤と接着剤によるナラ類集団枯損被害の防除法、公立林業試験研究機関研究成果選集№２、独立行政法人森林総合研究所編、茨城、19－

斉藤正一・中村人史（２００７）ナラ類集団枯死被害防止技術と評価法の開発、平成18年度山形県森林セ業務年報：９

田畑勝洋（１９９８）第Ⅶ章防除対策、第３節　予防　松くい虫（マツ材線虫病―沿革と最近の研究―、全国森林病虫獣害防除協会編、東京、１３３―１５０

冨川康之・周藤成次（２００１）コナラ集団枯死被害木でのシイタケ原木栽培試験、森林応用研究10(2)：97－99

山崎理正（２００４）芦生研究林における〝ナラ枯れ〟防除の取り組み、（芦生の森と〝ナラ枯れ〟報告書、芦生の森とナラ枯れ検討会編、99pp、京都大学フィールド科学教育研究センター、京都）、41－46

第8章

里山を今後どう管理していくのか

黒田慶子

里山に対する世間一般の愛着や郷愁は、近年強くなったように思う。小学校の総合学習で山に入ったり、NPO活動で里山を守ろうという動きも各地で盛んになってきた。ナラ枯れやマツ枯れの被害にも意識が向けられつつある。しかしその一方で、里山に植物が茂りすぎて、人が入れない藪《やぶ》の状態になり、人工林は間伐されずに放置されて荒廃するなど、森林としての持続が危うい場所がたくさんある。

このように、ナラやマツの集団枯死以外にも森林の健康低下はあちこちで進行しているが、日常的に里山を利用することが無くなっている現在では、気づかれないことが多い。たとえ気づかれていても、山の手入れには手間がかかることからそのままになっているようである。里山林を今後も維持していくならば、その健康管理について、これからしっかり考えていく必要がある。

防除担当者や研究者の役割

このナラ枯れの問題が起こる前、約40年のマツ枯れ防除の歴史が非常に不幸であったのは、まず、森林で起こる伝染病（流行病）の威力を人が見誤っていたことであろう。

燃料革命が起こる1950年代以前は、国や自治体が行う防除に加えて、病気で枯れた木や被圧木などの枯れ木はすぐに燃料として利用されたので、日常生活の中で予防も駆除もかなりうまくできていた。実際には、病気の伝染を終息させるような徹底的な枯死木除去は国や自治体だけでは難しく、日常的な森林管理が重要であるが、最近ではそのことはすっかり忘れられてしまった。マツ枯れに関しては、やがて、被害が終息しない事態をいぶかる声が出てきた。そうこうしているうちに、防除に農薬を使うことに対して反対の声があがるようになった。ついには、本病の主原因は大気汚染である、薬剤散布は的外れであるといった報道がなされるに至った。

このような経験から、ナラ枯れ防除に薬剤を使用するのを躊躇《ちゅうちょ》する場合もあると思う。しかし、里山の日常的な管理が困難な現代において、薬剤を使わないで防除（特に駆除）を実施することは非常に難しい。予算が少ない状況で唯一それが可能になるのは、ボランティアなどの形で住民の労働提供があって、被害材での製炭など、薬剤を使わない処理ができる場合である。このことについては後で触れるが、一朝一夕にできることではない。

ナラ枯れ防除を含めた里山林の維持にあたって重要なことは、まずは防除を行う側がナラ枯れのメカニズムと、里山の管理に関する理解を深めることである。そうすれば、防除事業でうまくいかないことがあっても、問題解決の方策を検討することができる。また、被害が起こった地域では、公的な防除対策を期待する一方で、地域で何をすべきかという情報も必要とされているので、病気の伝染のメカニズムや防除方法に関して住民にていねいに説明することがとても大事になる。そうすることによって、その地域にあった防除方針を、地域住民の方々の合意を得ながら落ち着いて検討できるようになり、さらに共同作業への発展も期待できるだろう。

森林被害の防除に対する考え方と実施例

伝染病の被害を広げないためには、枯死本数が少ないうちに伐倒処理（駆除）することが肝要ということは、本書の解説でご理解いただけたと思う。京都市の清水寺や銀閣寺など世界遺産の周囲にある国有林で、2005～2007年に実施されたナラ枯れ防除の例を紹介する。

2005年の夏にナラ枯れが初めて発生した時に、京都大阪森林管理事務所長が陣頭指揮をとって実施された。まず、被害木発見のための注意喚起文書を近隣に配布し、ナラ枯れ被害木を発見したときには、国有林、京都府、京都市などに連絡していただくよう依頼した。周囲の社寺には私有の森林もあるため、訪問して枯死木発見を依頼し、さらに、被害の早期発見のため、見回り隊が公募により結成された。枯死木の処理はNCSによるくん蒸で迅速に実施され、枯死木を減らそうという住民ボランティアの取り組みも行われている。この積極的な駆除により、翌年の被害本数が少なく抑えられることを実証した。ここで強調したいのは、被害本数を突然ゼロにすることは困難であるが、何年か微害に抑えることができればその場所での被害は終息に向かうということである。

ポイントを押さえた情報を迅速に広報することによって、住民の方々の同意や協力を得られるようにしたいものである。というのも、マツ枯れでは「薬剤散布しても被害がゼロにならない」ことを糾弾されるということがずっと続いたからである。原因や対処方法に関する情報は研究機関から提供できるが、どの自治体でも防除のための予算と人手が足りないというのが最大の問題であろう。早期発見や対処方法の検討は地域住民との連携が不可欠である。住民の方々を巻き込んだ草の根的な活動を活発化する必要があると思われる。

里山林をもう一度使う

里山林（旧薪炭林、二次林）の構成樹種は地域により異なる。たとえば関西ではアカマツ、ミズナラ、コナラ、クヌギなどである。京都のような古くから人口が多い地域の周辺では、里山は数百年以上もの間、大半が貧相なアカマツ林であった。人口が増加した江戸時代には、日本のほとんどの地域で里山は薪や肥料（緑肥）採取に酷使されて時にははげ山となった。山は極限まで利用されて、利用権を巡る争いごとが続いていた。このようなことは意外に知られていないのではないだろうか。有岡利幸による『里山Ⅰ、里山Ⅱ』（２００４）やコンラッド・タットマンの『日本人はどのように森をつくってきたのか』（１９９８）では、里山の歴史的な変遷を詳しく解説しているので、ぜひ一読をお勧めしたい。

日本の森林の歴史が少しわかると、「現在の里山は、過去のどの時期よりも最もよく茂っている」という話に同意できるようになる。１０００年～数百年にわたって人手が加わり続けた里山の森林を維持するには、人間の手で常に微妙に調整するという作業が必要なのではないだろうか。それがこのナラ枯れの増加を目の当たりにして気づいたことである。

「手つかずの森が最上の森林である」、「伐採は良くない」という誤った情報が信じられてしまうほど、森林の管理に関する知識が私たちの生活から消滅してしまっているのは、大きな問題である。関西では、マツ枯れ、ナラ枯れあとに育っている植生がソヨゴやサカキ主体という林が見られるが、これが将来どのような林になるのか想像していただきたい。東北地方では、ナラ枯れの後に灌木ばかりが生い茂る、高木のない藪になっている場所も報告されている。森林はただ放置するだけではうまく持続しない、ということであろう。

さて、防除のところで述べたように、枯死木の駆除を限られた狭い場所でのみ実施しても、里山林全体の維持は難しい。今後枯死被害を減らすにはどうすれば良いのか、一歩先を考えてみると、里山をもう一度生活に使うという選択肢も出てくるのではないだろうか。世界的に見ると、木材資源が枯渇に向かっている中、せっかく育った樹木を病虫害で枯死させ、朽ちるに任せるのはもったいない。私たちは日本には天然資源が少ないと思いこんで、輸入の石油資源に頼り切ってきたが、実は日本は、湿潤で植物が容易に繁茂する気候であり、少し人手をかければ有用な資源とすることができる。ここで少しスローライフの考え方を入れて、薪やペレットストーブで、再生産可能な樹木を燃料として利用するという選択も良いのではないだろうか。ナラ枯れの枯死木は、伐倒して使えば（被害地から運び出してはいけないが）翌年の被害本数は確実に減らせる。最初の一歩はハードルが高いと感じるかも知れないが、たとえば公共の施設で率先して薪ストーブを使い始めるのに、それほど大きな予算はいらない。枯れ続けるアカマツやコナラの林をながめつつ、森林維持に皆で取り組む時期がもう一度来たのではないかと思っている。

参考文献
有岡利幸（2004）里山I、262pp、法政大学出版局

有岡利幸（2004）里山II、265pp、法政大学出版局
加藤芳樹（2007）芦生の森が死んでゆく―関西の森に広がるナラ枯れ―、山と渓谷 2007 ⑿：146―149
コンラッド・タットマン（熊崎実翻訳）（1998）日本人はどのように森をつくってきたのか、200pp、築地書館

は行

ま行

や行

ら行

た行

な行

索　引

本書の執筆者

■ ■ ■

黒田慶子 （くろだけいこ）

森林総合研究所関西支所生物被害研究グループ長
1956年生まれ。1985年、京都大学農学研究科博士課程修了。
農学博士。専門分野は森林病理学、樹木組織学。主に樹木萎
凋病の発病メカニズムに関する研究に携わってきた。
著書：森林保護学（共著、朝倉書店）、樹木医学（共著、朝倉書店）
など
研究に関するホームページ：
http://cse.ffpri.affrc.go.jp/keiko/hp/kuroda.html

高畑義啓 （たかはたよしひろ）

森林総合研究所関西支所生物被害研究グループ主任研究員
1969年生まれ。1995年東京大学大学院農学生命科学研究科卒業。
農学博士。専門分野：森林病理学。

衣浦晴生 （きぬうらはるお）

森林総合研究所関西支所生物被害研究グループ主任研究員
1963年生まれ。1991年、名古屋大学大学院農学研究科博士課
程満了。農学博士。専門分野：森林昆虫、特に穿孔性昆虫の
研究に従事、近年はカシノナガキクイムシに関する研究を主
とする。

大住克博 （おおすみかつひろ）

森林総合研究所関西支所地域研究監
1955年生まれ。京都大学農学部卒、博士（農学）。
専門分野：造林学および森林生態学。主に広葉樹の研究に携
わってきた。主な著書：森の生態史（古今書院、共編著）、森
林の生態学（文一総合出版、分担執筆）、主張する森林施業論（日
本林業調査会、分担執筆）など

斉藤正一 （さいとうしょういち）

山形県森林研究研修センター森林環境部長
1960年生まれ。新潟大学農学部林学科卒。専門分野は森林病
虫獣害の防除、広葉樹林の管理技術。主な著書：「森林をま
もる」（全国森林病虫獣害防除協会、共著）

野崎 愛 （のざきあい）

京都府林業試験場主任
1973年生まれ。宮崎大学農学部卒。専門分野は森林病虫害、
きのこ栽培、海岸林の管理。

林業改良普及双書 No.157

ナラ枯れと里山の健康

2008年3月15日　初版発行
2023年12月5日　第2刷発行

編　者 —— 黒田慶子

発行者 —— 中山 聡

発行所 —— 全国林業改良普及協会
〒100-0014 東京都千代田区永田町1-11-30
サウスヒル永田町5F
電話　03-3500-5030
注文FAX　03-3500-5039
H P　http://www. ringyou. or. jp/
Mail　zenrinkyou@ringyou.or.jp

装　幀 —— 野沢清子(S&P)

印刷・製本 — 株式会社丸井工文社

ISBN978-4-88138-453-4

一般社団法人全国林業改良普及協会（全林協）は、会員である都道府県の林業改良普及協会（一部山林協会等含む）と連携・協力して、出版をはじめとした森林・林業に関する情報発信および普及に取り組んでいます。

全林協の月刊「林業新知識」、月刊「現代林業」、単行本は、下記で紹介している協会からも購入いただけます。

www.ringyou.or.jp/about/organization.html
＜都道府県の林業改良普及協会（一部山林協会等含む）一覧＞